猫の3つの時代

◀ **子猫時代**　芽生えの時期。とくに生後2ヶ月間は母猫やきょうだい猫といっしょに過ごすことが、心身の発達と社会性を身につける上で重要。

成猫時代 ▼▶
開花の時期。2歳～12歳は性格も定まり、氣力体力ともに充実する。

▼ 子猫時代の環境によって人見知りになってしまう猫も。こんな猫にこそ、おうちで留守番できるキャットシッティングサービスを利用してほしい。

▼ **老猫時代**
実りの時期。猫の平均年齢は現在15歳、老猫期の質を保つ工夫が必要とされる。

猫が持つさまざまな顔

疾走▶
背骨をバネのようにして疾走する猫。耳は後方に傾き、しっぽは逆U字になっている。

◀▲ 狩猟本能
猫にとって遊びはすべて狩りごっこ。狩猟本能を刺激するオモチャ「スーパーねこ友」（20頁）で夢中になって遊ぶ。

▼ グルーミング　ラクラクV字開脚で毛繕い（グルーミング）する猫。汚れや匂いをとり、体温調節、気分を落ち着かせるなどの効果がある。猫同士の毛繕いを「アログルーミング」という。

匂いづけ▶
顔の前に人さし指を差し出すと匂いを嗅ぎ、ついでに匂いづけをする。

◀**にらみ合い**
にらみ合う猫同士。一触即発の状態だが、ケンカには至らずに済むことも意外と多い。

▼ **好奇心**　ピンと立った耳、大きく開いた瞳孔、ぷっくりしたマズル(鼻口部)。好奇心と期待に満ちた猫の表情。

▼ **威嚇**　「シャーッ!」「カァーーッ!」
威嚇の絶頂の表情。こんな猫に近づいたら怪我をする。

猫の日常生活

◀ **昼寝**　このように無防備にお腹を見せるのは、安心しきった状態。

爪研ぎ ▼ ▶　垂直の爪研ぎは思い切りからだを伸ばせるように90cmくらいの高さのものを。水平の爪研ぎは、研いでいるときに動かないものが望ましい。

◀ **日向ぼっこ**
猫は省エネの動物。お日様の温もりを毛の間にため込んで保温に使う。

◀ **マウンティング**
雄猫同士のマウンティング。性の発散も生きる力になりうる。

◀ **食事**　「猫の森」の猫たちの食事風景。高さ9cmの食事台だとかがまずに食べられ、埃も入りにくい。

▲ **寝床**　寝床はバスタオルを敷いて常に清潔に。新生児用コーン製バスケットでのびのび眠る。

▲ **水のみ**　高さ20cmの水飲み台の容器から水を飲む猫。高い場所の方が人気がある。

▼ **土と触れ合う**　「猫楠舎」に作った「くまホーム」は畳2畳の広さ。地面に下りて自然を味わえる。

▼ **トイレ**　「猫の森」の「桜舎」のトイレは2階建て。グリーンの植物はマイナスイオンを発生させるサンスベリア。

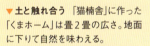

猫のお手入れ

スキンシップ▶
なでたり、手を当てるスキンシップは、猫との交流に欠かせない。

◀**コーミング**　クシを使って抜け毛をとったり、毛並みを整えるコーミングにはマッサージ効果もある。

▼**口まわりの手入れ**　猫の奥歯まで指で触れるようになると、歯石をとるのも可能になる。

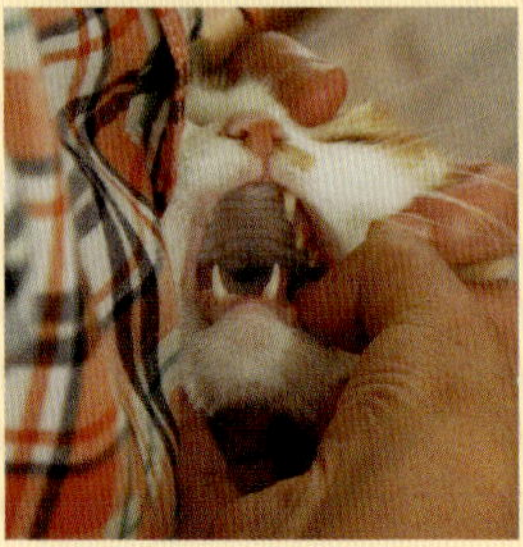

▼**爪切り**　爪切りは使いやすい道具を使って、無理のない範囲で。

猫との暮らしに大切なこと

猫との3つの約束

1. 捨てない。
2. 増やさない。
3. いじめない。

◀ **ネコミュニケーション** パーソナル・キャット（49頁）の「猫の森」の夏子は、常に「私を見て」と要求してくる。このとき無視するのが一番よくない。猫に話しかけられたら、応えられる心の余裕を持っていたい。

「猫の森」の猫たち

モン（雌・19歳）

ズズ（雄・22歳で永眠）

玖磨（雄・15歳）

華（雌・18歳）

桃太郎（雄・18歳で永眠）

トン（雌・18歳で永眠）

南里秀子
Hideko Nanri

猫の學校

猫と人の快適生活レッスン

ポプラ新書
115

はじめに

1992年、私は東京都多摩市で、鍵をお預かりして留守宅の猫の世話をする「キャットシッティングサービス」という仕事を始めました。

そして、その17年後の2009年、キャットシッターとして長年ためてきた情報をまとめ、「猫の學校」という講座を開始しました。世界初、猫についてキャットシッターの視点から解明する講座は12コマ計12時間。全部受講するには最短でも丸2日はかかります。

最初の「猫の學校」は東京・千駄ヶ谷の事務所で開催しました。10人ちょっとですぐに満員御礼になった8畳の部屋で、私は立ったまま懸命に話し続けました。みなさんの真剣な眼差し、せっせとノートに書き込む姿、「もっと猫を知りたい」という思いを肌で感じた瞬間です。以来毎月開催を続けて、この7年間で延べ500名の方が

「猫の學校」に入學されました。

思わぬ誤算は、シッティングのお客様に受講してもらいたいと願っていたのに、実際には全国から熱心な愛猫家が続々と参加されたことです。飛行機や新幹線に乗って泊まりがけでやってくるみなさんは、無我夢中で猫に集中する2日間を過ごします。参加者が増えていくにつれ、猫のことを學びたい人がこんなにも多いことに驚かされました。

一方で、同じ願いを抱きつつも講座に参加することができない人も大勢います。そういう人たちにも、なんとかして講座の内容を伝えることができないものだろうか。本書はそんな思いから始まりました。

私がキャットシッターの仕事を始めたのは、旅行の際、臆病で神経質なわが家の猫ドドとモモを動物病院に預けたことがきっかけです。旅行から戻って、彼らを迎えに行くと、

「2匹ともケージの隅で震えてごはんも食べず、おしっこもしないので可哀想でした」

動物病院では彼らの態度にほとほと困ったらしく、次回からの預かりを断わられてしまいました。ドドとモモにしたら、病氣でもないのに、人間の都合で動物病院に預

けられ、不安と不満でいっぱいというところだったでしょう。

その後、知り合った獣医さんから、「猫はおうちでお留守番するのが一番ですよ」と言われて、その頃ちょうど失業中だった私は、猫のお留守番サポート業を思いついたのでした。

さて、この仕事を始めてみると、世の中には驚くほどさまざまな猫たちがいました。例えば、一般的に「猫は柑橘《かんきつ》系の匂いが嫌い」といわれていますが、夏みかんをバクバク食べる猫がいました。毎日キュウリ1本食べて水分補給をする猫、毎晩入浴する猫、ヌイグルミをくわえて持ってくる猫などなど。私の目の前で、猫に関する知識がガラガラと音を立てて崩れていきました。

猫同様に人も十人十色でした。

「食べ残しのドライフードは袋に戻してください」

と言うお客様。そのわけを聞くと、

「捨てるのがもったいない。新しいドライフードに混ぜればよく食べるから」

とおっしゃるのでした。

本編でも触れますが、ドライフードにも10%ほどの水分が含まれており、空気中に出した瞬間から酸化が始まります。その食べ残しを袋に戻すということは、新鮮なドライフードに酸化の始まったドライフードを混ぜることになるのです。お客様にその旨をやんわりお伝えすると、さいわいそのやり方は改めてもらえました。しかし、こうした対応は実に難しい。キャットシッターはあくまでサービス業、現場でたくさんの猫を見ていても、お客様のやり方を否定することはできませんし、ちょっとしたアドバイスを快く思わない方もいるからです。

けれど、シッターの現場では、猫の体格とトイレの大きさが釣り合わないとか、トイレの横に食事場所があるとか、猫が食べようとすると動いてしまうプラスチック製の食器を使っているなど、ちょっと改良すれば猫も喜ぶだろうに、と思うことがどんどん出てきます。

お客様がシッターに望むのは、猫がストレスなく、安全にお留守番できるようお世話をすることです。聞かれてもいないアドバイスをするのは、余計なおせっかいになりかねない。

「獣医さんでもないのに……」

分かってます、って。でも、猫に代わって言いたいことは山ほどある！

私はこれまでに1600軒以上のお宅を訪問して、留守番猫さんのサポートをしてきました。獣医さんの場合は、診察台に乗せられた猫を診断しますが、キャットシッターは猫たちの日常を現場（つまり猫のテリトリー内）で感じ取るのです。

シッティングに行くと、食事の量が増えた、トイレの場所が変わった、といった猫に関する変化だけでなく、人の赤ちゃんが生まれた、転職して出張が増えた、といった家族の動向も分かります。

同じ空間にいる人と猫は互いに影響し合うものだと思います。からだは小さくても彼らの存在感は一人前です。存在としての人と猫を分ける必要はありません。

また、同じ猫であっても、去年と今年とでは1歳年を重ねてのさまざまな変化があります。一見変わりがないようでも、昨日と今日とは確実に違う。それを感じ取れるのはシッターが自分の猫だけでなく、いろんなお宅の猫たちを見ているからだと思います。

ちょっとした変化を敏感に察知し、冷静に判断すること。緊急を要さないのであれば神経質にならずに見守る姿勢も必要です。

こうしたことは数々の失敗を重ねて、身につけたものです。やがて、私は猫から學んだことを世の中に広めていくのも、キャットシッターの仕事ではないかと考えるようになりました。

そんな氣持ちが時を経て「猫の學校」という形になったのです。

「猫の學校」は「猫を飼う」から「猫と暮らす」へを目指します。

「飼う」などの言葉については本編でお話ししますので、ここでは簡単に上下関係についてのみ述べましょう。

「飼う」は上から目線。

「暮らす」は対等。

では、ペットという言葉はどうでしょう？

これも人が上で、動物は下ですね。無意識に使っている言葉はけっこう怖いと思います。言葉の意識をちょっと変えるだけでも、猫との関係性は変化していきます。

現在、猫と対等な人は案外少ないかもしれません。本書を読み終えたときに、はたしてあなたは猫と対等になれるでしょうか？

では、いよいよ「猫の學校」の講義を始めることといたしましょう。

猫の學校／目次

イラスト・猫の森株式会社　山田貴子

第1時限　猫の一生を學ぶ

猫には3つの時代がある

「猫を知る」ことのまず最初に、猫の一生を大きく3つの時代に分けて、それぞれの特性を考えることから始めましょう。現在あなたの猫が「猫生」においてどういう時代にいるのかを把握すると、日常での留意点や配慮の仕方が見えてくると思います。

現在、猫の平均寿命は15歳くらいです。猫の學校では、最初の2年間を子猫時代、2歳を過ぎて12歳くらいまでを成猫時代、それ以降を老猫時代と捉えています。

猫は雄雌ともに生後半年で妊娠が可能なからだになります。できれば、不妊手術はこの時期までに済ませるのが理想です。

生後1年で猫のからだの成長はほぼ止まり、氣力体力を充実させながらゆるやかな上り坂を登っていきます。個々の絶頂期（山頂）を通り越すと、やがて老いの坂を下る時代に入ります。

それぞれの時代にはこんな特徴があります。

〈子猫時代〉猫として生きていくための基礎を身につける。好奇心と警戒心のバランスをどう取るかで、フレンドリーな猫になるか、人見知りになってしまうかに分かれる。

〈成猫時代〉個性が明確になり、体力、氣力とも十分になる。
〈老猫時代〉徐々に活動量は減るが、人とのコミュニケーション能力が高くなり、静かで平穏な日々を好むようになる。

生後2ヶ月が猫の一生を決める!

子猫時代の生後2ヶ月間は、猫の一生を左右するくらいに重要な時期です。まず母猫の初乳（出産初日から数日間出る）には、子猫に十分な栄養と病氣に対する抵抗力をつける免疫機能が含まれています。動物病院で子猫のワクチン接種時期を生後2ヶ月としているのは、初乳から得た母猫の免疫がちょうど切れるタイミングだからです。

生まれたばかりの子猫の目は閉じたままで（1週間で目を開きます）、まだ耳も聞こえません。ひたすら嗅覚と触覚のみで母猫の乳首に吸いついていきます。母猫は子猫がお乳を飲みやすいように動かず横たわっています。ちなみに子猫が発するゴロゴロ音は母猫に自分の所在を知らせるとともに、お乳の出を良くする効果があるそうです。長じて猫が安心満足したとき、ゴロゴロ音を発しながら前脚をフミフミする仕草

（「ミルクトレッド」といいます）は、母猫のお乳を飲んでいた頃を思い起こすことから生まれたとされています。

この時期の子猫はまだ体温調節ができないので、母猫のからだに密着することで体温を保ちます。排泄も母猫が子猫の肛門や会陰《えいん》部をなめる刺激によって促されます。これは野生において、子猫が勝手に排泄をしたら、その匂いで外敵から狙われてしまうことを防ぐためです。このように野生動物としてのシステムが、現代の猫にも組み込まれているのは驚くべきことです。それは逆に考えれば、猫が意味不明な行動を取ったとき「野生の猫」を思い浮かべてみると、その理由が分かるということでもあります。

またこの時期に、子猫は母猫から猫として生きていくための教育を受けます。危険なものや警戒すべきもの、慎重に行動すること、食べていいもの、おそらく人間の見分け方も學んでいるに違いありません。きょうだい猫とのふれ合いで親愛を、取っ組み合いごっこなどで噛《か》み加減、力加減を習得していくのです。生後2ヶ月間を母猫やきょうだい猫といっしょに過ごすことで、子猫は身体能力を伸ばし、社会性を身につけます。これが猫の一生を通しての基盤となっていくのです。

子猫時代の遊びはとても重要

子猫は生後６週目くらいから離乳を始め、野生であれば母猫が狩りの仕方を教えます。狩りイコール食べるものを捕獲することです。室内で暮らす猫は狩りをする必要がありませんから、狩りをする本能はオモチャなどで遊ぶことに向けられます。子猫をオモチャで遊ばせるのは、人間にとっても楽しい時間ですが、猫としてはオモチャで遊んでいるというより、あくまで狩猟本能を満たすための行為と考えられます。

「せっかく高価なオモチャを買ったのにまったく遊んでくれない」

といった声もよく聞きますが、遊ばない原因はオモチャの構造が「猫の狩猟本能を刺激しない」こと、狩猟本能を発揮しにくい状況であること、またはオモチャの動かし方が下手、あるいは遊ばせる側の意識が集中していないことなどが考えられます。

私は子どもの頃に祖母から、

「ネズミをよく獲《と》る猫は『ネコ』、鳥を獲るのは『トコ』、蛇を獲るのが『ヘコ』っていうんだよ」

と教わりました。私はそれに倣《なら》って、蟬《せみ》やゴキブリを捕まえるわが家の猫たちを「ココ」と勝手に命名しました。昆虫を獲るから「ココ」というわけです。

ですからオモチャでネズミ、鳥、蛇、昆虫の動きを表現すると、猫は狩猟本能を刺激されて飛びついてきます。そして、猫が野生で狩りをするのは夕方や明け方の薄暗い時間帯。ということは部屋を薄暗くした上で、カサカサと音を立てる、キラッと光るものを動かすと、猫を興奮させることができるのです。

キャットシッターは猫と真剣に遊ぶ

では、猫とどうやって遊べばいいのか？　私のキャットシッティングの経験から具体的に説明しましょう。

初めてのお留守番をすることになったリュウ君（雄・1歳）、シッティング初日は私を警戒して、カーテンの陰に隠れていました。シッターバッグの中から、ビニールひもを編んで作ったオモチャを取り出し、

「リュウ君、コレで遊ぶ？」

と声をかけます。私が発明した「スーパーねこ友」（以下「ねこ友」）は、丸棒とひもだけのシンプルな形ですが、棒を振って、ひも部分を動かすと前述の「ネコ」「トコ」「ヘコ」「ココ」を表現できます。

さっそく、ねこ友を素早く左右に振って、カシャカシャという音を立てます。これが私の「さぁ、本氣出していくわよ」サイン。

猫は聴覚が優れているので、音の出るオモチャは効果的です。リュウ君はカシャカシャ音で早くも、ヒゲがピンピン、瞳真ん丸という好奇心満タン状態になって、カーテンの下から顔を覗かせています。

なおリュウ君のような慎重な猫は、突然の大きな音に怯《おび》えることもありますので、最初は小さく振って様子を見ます。リュウ君、どうやらカサコソといったかすかな音に反応がいいようです。

すでにリュウ君の目は、ねこ友の動きに釘づけになっています。猫を遊びに誘う第1段階が興味を引く音だとすれば、第2段階は本能を刺激する動きです。

リュウ君ははたして、どんな動きにそそられるでしょうか？

ここからはねこ友を獲物に見立てて、その猫の好みや動きの傾向などを見極めていきましょう。

〈**ネコ**〉

ネズミの動きを表現するのに、私はソファのクッションを使いました。クッションの下にひもを忍ばせ、ひもの先端3センチくらいをリュウ君が見えるように出しておきます。

ひもをゆっくり引いていくと、リュウ君のお尻が小刻みに動き出しました。まるで短距離走のスタートを待っているランナーのような感じです。狙っていることがはっきりしたので、素早くひもを引きます。

ひもはクッションにすっかり隠れてしまいました。ひもが見えなくなった瞬間、リュウ君は飛び出す寸前でしたが、カーテンの陰に踏みとどまり、こちらの様子を凝視しています。

〈トコ〉

鳥の動きは、「木に留まっていた雀が飛び立つ」ように、「上空から旋回しながら獲物を探すトンビ」のように、「急に方向転換するツバメ」のように、空中でひもを動かします。車のワイパーのような同じ動きではなく、あるときは早く、あるときはゆっくりです。

時々動きを止めると、リュウ君はふたたび激しくお尻を揺らし始めました。ひょいとひもを引き上げると、堪《たま》らずねこ友に突進してきました。

「まだ、捕まらないわよ」

私はすかさずひもを右側に移動させ、リュウ君の攻撃を躱《かわ》します。

リュウ君はもうカーテンに隠れず、ねこ友に集中。ひもを追いかけて、右へ左へ連続ジャンプを繰り出し始めました。まだからだが小さく、体重も3キロちょっとなので、かなりアクロバティックなジャンプをします。

さて、いったんスイッチの入った子猫はエネルギーを使い果たすまで遊び続けます。成猫になると短時間で「飽きて」くれるのですが、子猫の場合は際限なく遊ぶので、キャットシッターのほうが先に参ってしまうことさえあります。

「トコ」の動きだけでも、留守中の運動量としては十分で、リュウ君はおそらくこの日はぐっすり眠って、お留守番の寂しさを感じることもなかったでしょう。

〈ヘコ〉

蛇を表現するのは地を這《は》う動きです。ひもを床でニョロニョロと蛇行させて、猫の注意を引きます。「トコ」でスイッチが入ったリュウ君は、蛇の動きにもすぐに飛びついてきました。

遊ぶときのポイントは、躱してばかりでなく、時々は「獲物を捕まえた」感を猫に味わってもらうことです。リュウ君はひもを前脚でチョイチョイするのが好きなようです。

猫のなかには、ひもを口でくわえるとなかなか離さないタイプもいて、そんなときはどうやって口を開けさせて、ねこ友を奪還するかを工夫します。また、ひもを食いちぎってしまう強者《つわもの》もいるので、ねこ友で遊び出したら目を離さないようにします。そして、遊び終わったねこ友は必ず猫が取り出せない場所に保管し、誤食を防ぎます。

〈**ココ**〉

「ココ」は昆虫の動きです。わが家の「ココ」がよく捕まえていたのは蝉とゴキブリでした。チョウやトンボを追いかける子猫の姿はきっと絵になると思うのですが、実際に私はチョウやトンボを獲っている猫を見たことはありません。

私の思いつきですが、蝉の動きは鳥に近く、ゴキブリの動きはネズミに似ているのでは？　それで「ココ」の演出は、鳥とネズミの動きを小さく、ソフトにした動きにしました。ひもの先を小刻みに震わすようにしてパタパタ、チョロチョロ。鳥の場合はひもの根元からダイナミックに動かすのですが、ココはひとまわり、ふたまわり小さくして、忙《せわ》しない感じです。

リュウ君、どうやら小さい昆虫にはそそられないようでした。そこでふたたび鳥の動きに戻します。すると「待ってました！」とばかりに、見事なジャンプを連発し始めます。思わず私が、

「わぉ！」

と声を上げると、リュウ君は、

「どんなもんだい」

といった得意げな顔つきをし、次のジャンプはさらに高く、大きくなりました。

翌日、私が部屋を訪問すると、リュウ君は玄関までやってきて、期待に満ちた瞳で私を見上げてきたのでした。

キャットシッティングの滞在時間は小一時間です。猫トイレを掃除し、新鮮な食事を用意したら、残りは猫との時間を楽しみます。

「仕事なのに楽しむなんて不真面目じゃないの」

と思う方もいるかもしれませんね。いえ、キャットシッターは猫のプロだからこそ、楽しむのです。義務感で猫を遊ばせようと思ったら、猫に相手にしてもらえません。

猫はいつも人の本氣を試しているのだと思います。遊ぶときは真剣に遊ぶ。「猫を遊

ばせる」ではなく、「猫と遊ぶ」なのです。

なお、人の手をオモチャの代わりにして遊ばせると、手を攻撃対象としてインプットしてしまうことになります。遊ぶときには必ずオモチャなどを使うようにしましょう。

子猫時代に習慣にしたいこと

できれば子猫のうちに慣らしておきたいことの1つは、全身をくまなく触《さわ》れるようにすることです。

なかには触らせてくれない子猫もいますが、決して無理強いしないこと。猫をなでるときは、猫が怖がらないように下からそっと静かに指先を出し、猫に匂いを嗅いでもらいます。逃げたりせず、指先に口元や額をこすりつけたら「なでてよし」のサインなので、ゆっくりと頭頂部からしっぽにかけて指先を滑らせていきます。私の猫の触り方は「上から下に、内から外へ」です。これはコーミングやブラッシングでも同様で、ルーチンワークが好きな猫は、いつも同じやり方をすると安心します。触って嫌がるような素振りをしたら、その場で触るのを止め、静かに手を引きます。

なでることによって、スキンシップで信頼関係が高まり、ノミやフケ、被毛のベタつき、ひっかき傷、ハゲ、腫れ物などからだの異変に氣づきやすくなります。徐々に慣れてきたら、口のまわりや口の中にも触れるようにしましょう。奥歯まで触れるようになれば、投薬や歯磨きがラクですし、なによりお互いの信頼感がいっそう増します。

　また、子猫のうちに人や他の猫に対してオープンハートな性格を身につけることも、心身の健康にとても重要です。

　例えば、きょうだいの猫同士がじゃれ合っていて、徐々に興奮してきて、本氣の取っ組み合いになることがあります。このとき「嚙まれたら、こんなふうに痛いんだな」ということを実感した猫は嚙み加減を調整できるようになるのです。

　子猫時代に母猫からたっぷりスキンシップをしてもらった猫は、臆病なところがなく、とても伸びやかに育ちます。前述のように、子猫は少なくとも生後2ヶ月間は母猫やきょうだい猫といっしょに過ごすのが理想です。

　また猫の習性を理解した人が近くにいると、子猫は嫌な思いをしなくて済むので、人を恐れなくなります。猫が苦手なことは、怒鳴り声や騒々しい笑い声、荒々しい立ち居振る舞い、無理やり抱く、しつこくかまう、無視するなどです。基本、こういった猫の嫌がることをしないことです。

天真爛漫《てんしんらんまん》で好奇心旺盛な子猫は、活発で運動量が多くなりますから、自然と心肺機能や筋肉が鍛えられます。テレビのサッカーゲームを見るのが好きな猫は、ボールが画面から消えるとテレビの後ろ側に捜しに行ったりします。このタイプの猫は、學習能力が高く、人とのコミュニケーションも上手なようです。

また、小さな失敗を早めに経験すれば、必要な警戒心も芽生えてきます。調理したばかりの鍋に近づいて「アチッ!」という思いをしたり、カーテンレールの上まで登ったものの下りられずに立ち往生したり、狭いところに入り込んで出られなくなったり……といった経験をしながら、子猫は慎重さを身につけていくのです。

不妊手術をどうするか

猫と暮らしていく上で、決断を下さなければならないことの1つに、不妊手術をどうするかという問題があります。

「猫の學校」セミナー後に開催する、「猫談Ｔｉｍｅ」という参加者交流会でのことです。

つい最近、生後6ヶ月の雄猫と共同生活を開始したばかりのAさん（40代の女性）が、

「本やインターネットには、不妊手術はやって当たり前のように書いてありますが、私は人間がそこまでやっていいものかどうかと悩んでいます」

と発言すると、参加者のほとんどが「えっ？」という表情をしました。正直私も虚《きょ》をつかれた感じでした。いつの間にか「猫の不妊手術は当然」と思い込んでいたのです。

ですから、単純にどちらが「善い」「悪い」ではなく、納得しないことはやらないというAさんの発言は新鮮でした。

参加者の1人が、

「うちの雄猫は生後半年で去勢しました。スプレーもしないし、外に出さなくても大人しいので助かってますよ」

と話すと、Aさんは、

「そうですか。うちは今部屋中におしっこをされて大変なんです。でも去勢するのは可哀想な氣がして踏み切れないんです」

と応えました。他の参加者も次々に不妊手術に関する体験談を話しました。Aさん

は熱心にみなさんの意見を聞き、会の終了間際に、

「まだ去勢する氣にはなれませんが、様子を見ながら考えたいと思います」

と言ってお帰りになりました。

Aさんのように、

「この猫は不妊手術を望んでいないのでは？　ホントにこれでいいのか？」

と悩むことは決して無駄ではないと思います。なぜなら悩んでいるAさんをその猫は見ているからです。家族として真剣に考えていることは、必ず猫に伝わります。

その1ヶ月後、Aさんがセミナーにやってきて、こう言いました。

「あの後いろいろ考えて、先月手術をしました。そうしたら部屋中にスプレーすることもなくなって、いつもイライラしていたのがウソのように穏やかになったんです。こんなことならもっと早く手術をしてやれば良かったです」

Aさんは悩みやストレスがなくなって、氣持ちに余裕が出たのでしょう、とても明るい表情でした。

不妊手術のメリット・デメリットを表にまとめてみましたが（表1）、不妊手術については、人それぞれの考えがあると思います。「自然に反する」と反対する人もい

表1●不妊手術のメリット・デメリット

	メリット	デメリット
雄猫	・自分の子孫を残そうという本能からのマーキングスプレーや他の雄猫とケンカをすることがなくなる ・不特定多数の相手とのケンカや交配がなくなり、猫エイズになる確率が低くなり、寿命が延びる ・前立腺肥大症になる確率が低くなる ・荒々しさがなくなり、生涯子猫のようなかわいらしさを保つ	・子孫が残せなくなる ・運動量が減ることで基本的消費カロリーが減り、太りやすくなる
雌猫	・雄を求めて外へ出たがることがなくなる ・子宮蓄膿症や乳ガンになる確率が減る ・欲求不満によるイライラがなくなり、穏やかな性格になり、寿命が延びる	・子孫が残せなくなる ・基本的消費カロリーが減り、太りやすくなる

るし、「子猫が欲しいからしない」という人もいます。シッティングのお客様で、「不妊手術をすると太るから」という方もいらっしゃいました。このことについては後述しますが、誤解や思い込みなどで猫の不妊手術をしない人がいるのも事実です。

一方で「不妊手術は絶対すべき」という人もいますし、獣医さんに不妊手術を薦められてという人、猫の本やインターネットで読んで手術を決断したという人もいるでしょう。

その賛否はともかく、まずは「猫にとっての快適はなにか」を考えてもいいのではないでしょうか。併せて「猫と暮らすものとして、どうありたいか」も大事です。例えば「猫のスプレー臭の中で安眠できるか?」と自分に問いかけてみる。その答えによって、猫と人の妥協点のようなものを見つけていく。擦り合わせ、歩み寄りといってもいいかもしれません。

つけ加えると、不妊手術をしたいけれど、身体的に手術が無理という場合もあります。どうぞ、世間の常識や思惑にとらわれずに、自分の猫としっかり向き合って、猫との関係を1つ1つ築き上げていってください。

2匹の猫が先生になった

私が小さい頃、わが家の猫は家と外を自由に出入りしていました。田舎のことで、どこの家の猫も不妊手術などしていませんでした。ですから、猫は年中子どもを産んでいました。生まれた子猫を段ボール箱に入れ川に捨てることも普通に行われていたのです。そんな現場に居合わせる度に、なぜこんな残酷なことをしなきゃならないんだろうと思っていました。

20代半ばに東京で暮らし始めた私は、近所で生まれた2匹の猫を貰い受け、雄をドド、雌をモモと名づけました。住まいが田舎の一軒家から都心のアパートに替わったこともあり、最初から「猫たちは外に出さない」と決めていました。

半年を過ぎたある日、仕事を終えてアパートに帰ると、なんと雌のモモが部屋の隅で出産をしている最中でした。唖然《あぜん》としている私の前で、さらにショックなことが起こりました。生まれた3匹は未熟児で全員死んでいましたが、そのうち1匹をモモが口にくわえて食べようとしたのです。母猫の本能的な行動だとしても、見るに堪《た》えない光景でした。私はモモから子猫たちを取り上げながら、妊娠にも氣づかなかった自分の無知と迂闊《うかつ》さを激しく後悔していました。

モモの体重は3キロ足らず、妊娠出産には無理なからだでした。猫の妊娠期間はおよそ63日、約2ヶ月間です。ということは生後4ヶ月くらいで、モモは発情し、ドドと交尾し、妊娠したということになります。

もう二度とこんなことをさせてはいけない、不妊手術をしなければ！

私は生まれたときからずっと猫といっしょにいたのに、猫のことをなにも知りませんでした。このことがきっかけとなって、私は「猫とともに暮らす」ことを學び始めたのです。このときからドドとモモの2匹が私の先生になりました。

個性が固まる成猫時代

猫の2歳から12歳までの約10年間は、心身ともに安定する成猫時代です。この時期、それぞれの個性が出てきます。

雄と雌の違いがはっきりしてくるのもこの頃です。まず体格で比べると、雄は大柄で抱いたときにずっしりと重く、雌は小柄で雄より軽く感じられます。性格も、雄のほうが甘えん坊で子どもっぽく、デリケートな傾向があります。それに対して雌は、よりマイペースで肝が据わっています。ミステリアスで猫らしいのは雌に多く、雄はむしろ犬っぽい性格です。

雄雌の特徴を知ることは、どんな猫と暮らしたいかを決める上で、とても重要です。子猫はまだ性格が定まらないので、どういうタイプの猫なのか分かりません。初めて猫を迎えるなら、性格がある程度定まった成猫がお薦めです。また、自分の好みがはっきりしているなら、それに合った猫を選びましょう。例えば、ちょっと手はかかるけれど甘えん坊で、帰宅したら必ず出迎えてくれるような猫と暮らしたいなら、雄猫のほうがそういう猫である可能性は高いのです。

猫には二面性がある

キャットシッティングで最初に行うのは、お客様の家での打ち合わせです。このとき作成するのがキャットカルテで、その質問項目は30以上あります。現場で猫の日常を知り、留守番中のお世話の内容を決めていくわけですが、「猫の性格」についてはしばしばお客様が申告された内容と食い違いが生じます。

例えば、打ち合わせのとき、お客様はこうおっしゃっていました。

「ゴンタは人見知りなので、隠れて出てこないと思います」

ところが、シッティングに行ってみると、ゴンタ君はたいそうな甘えん坊で、滞在中私にずっとついて回っていました。実はこのパターンが一番多いのです。というのは、猫には二面性があり、家族にだけ見せる顔と、家族以外の人に見せる顔があって、どうやらそれを使い分けるようなのです。

猫のその日の様子を報告する「キャットレポート」で、

「嬉しいことにゴンタ君は隠れたりせず、スリスリと甘えてきて、持参したオモチャでもたくさん遊んでくれました」

と写真つきメールを送ると、お客様から返信が届きました。

「写真を見てびっくりです。今まで見たことのないゴンタにちょっぴりショックを受けています」

やがて、このお客様は安心してゴンタ君にお留守番を任せるようになりました。

このように留守番という「非日常」体験が、猫の意外な一面を引き出すことがあるのです。

もっともゴンタ君とは逆のパターンもたまにあります。フレンドリーな性格と聞いていたのに、シッティングに行くといきなり襲ってくる猫、これは怖いです。ご家族の前では猫をかぶっていて、ご家族がいなくなると虎に豹変《ひょうへん》する猫を、私は密かに番長ならぬ「番猫」と呼んでいます。

猫にも人と同じようにいろいろな側面があるのです。ですから「うちの子は○○な性格だから」と決めつけないでください。特にマイナスイメージの決めつけは極力しないほうがいいでしょう。

猫にとって人は環境の一部

今日こそ動物病院に連れていかなきゃ。

そう思った瞬間に、ロフトの奥に隠れてしまう。大の動物病院嫌いだったドドは私の氣配をいち早く察すると、このようにして度々通院拒否をしたものでした。

猫は人の感情や氣持ちをしっかりキャッチします。ウキウキと楽しい感情も、イライラした怒りの感情もスポンジのように吸収します。

病氣や家庭内での不安、緊張も猫の健康に影響を与えます。デリケートな猫の場合、家人と同じ病氣になることさえあります。それほど猫と人の心は強くつながっているのです。

人の住まいは猫たちにとってはテリトリー（縄張り）です。この空間で私たちが不快な感情を発散することを彼らは好みません。自分のテリトリーはいつも平和で、安全快適であって欲しいと猫たちは望んでいます。

猫たちにとって、私たち人間も環境の一部なのです。警戒心の強い猫たちは常にテリトリー内に異変がないかチェックをします。不穏な空氣を察すると、いち早く身を隠して、防御態勢に入ります。

キャットシッティングは、家族以外の人間が、その家の猫のテリトリーに入るということです。猫は最初見知らぬ人間を警戒します。物陰から、

「コイツは危険か？　近寄っても安全なヤツか？」

と、キャットシッターをじっと観察します。

そんなとき、私はなるべく動かず静かにしています。そして心の中で猫に向かって、

「どうぞ氣が済むまでじっくり観察してください」

と念じます。

そして、猫のほうから私に近づいてくるのを待ちます。遠巻きにそろりそろりと猫

が距離を縮めてきても、私はまだ動きません。

やがて猫が鼻をスンスンさせ、私のからだの匂いを嗅ぎ始めます。

「こんにちは、お留守番のお手伝いに来ました。よろしくね」

静かな声で話しかけ、ゆっくりと人差し指を猫の鼻先に持っていきます。猫は指先の匂いを嗅ぎ、ついで口元をグイグイこすりつけてきます。この行為は「マーキング（匂いづけ）」といい、私にその猫の匂いがつけられたということです。マーキングはいわば入館パスのようなもので、「俺様のテリトリーに入ってよし」のサインです。猫のテリトリーに入るときは、このマーキングの儀式を経ることが最低限のマナーです。

しかし、そのとき私が不安や心配を抱えていると、猫たちは決して近寄ってきません。

「フーシャー！（寄るな！）」

と威嚇《いかく》してくる猫もいます。彼らは
「俺様のテリトリーでマイナスオーラを出すな」

と言っているのかもしれません。彼らの態度で、

「あ、マズい。私、今焦ってた……」

と氣づかされることもあります。

同じようなことがみなさんと猫の間でも起こっているのではありませんか。

「悲しいことがあって泣いていたら、猫が涙をなめ取ってくれた」

といった話を聞くと、猫好きの人は無条件に「なんて優しい猫」と思いますが、ちょっと視点を変えると、

「猫は自分のテリトリーの雰囲氣が壊れるのを嫌がって、いつもどおりになるよう促しているのだな」

といった解釈もできるようになります。

昔から「猫は家につく」といわれるのも、彼らがテリトリーに重点を置く動物だからです。あなた自身が猫のテリトリーの一部であるという認識を持ってください。

そして日頃から「すべき（must）」ではなく、「したい（will）」を優先するように心がける。そうするうちに、猫はあなたの「快」を共有するようになります。

あなたの健やかで快適な状態が、猫にとってもいい環境になる。

「猫の學校」のモットーである「ご機嫌元氣」は、キャットシッティングの現場で猫

たちから學んだことなのです。

「猫は2匹で」がお薦め

キャットシッティングは主にインドアキャット（外に出さず室内のみで暮らす猫）を対象に行っています。長年の経験から私は、１匹だけの猫と2匹以上の猫とでは、猫と人の関係性に大きな違いがあるように感じています。

猫は本来単独生活なので、１匹でもほぼ問題はないと思われます。ただし、これは、猫が家と外を自由に行き来できている場合です。かつては、家猫のほとんどが、好きなときに外に出かけて、他の家の猫や外で暮らす猫と交流し、「猫社会」に触れることができました。そのように猫社会を経験している猫は、たとえ子猫であっても単独で生きる能力を身につけています。

しかし現在は、一度も外に出たことがなく、他の猫と接したことのない猫が増えてきました。そして、猫と暮らす人のほうも、男女を問わず大人になってから人生初の猫を迎えるという方が増加傾向にあります。

猫と人の長い歴史の中でも例のない「不妊手術をしたインドアキャットと暮らす」

という状況が、近年非常に多くなっているわけです。そうした中で、人と猫がバランス良く暮らすにはどうしたらいいのか？　20年以上インドアキャットとその家族を数多く見てきた経験から、私は「猫は2匹で」をお薦めしています。

猫は本来順応性に優れた自立した動物ですが、あいにく人はそうではありません。社会人になるまでに約20年も要し、社会人になってからもたった1人で生きていくことはできません。にもかかわらず人は、猫の容姿のかわいらしさから、猫を子ども扱いしがちです。

この勘違いから「私がいなければこの猫は生きていけない」といった思い込みが生まれます。例えば「猫がいるから旅行に行けない」といった考えもそうした1つです。留守宅にライブビデオをセットして、出先で猫の様子をまめにチェックする方がいます。ほとんど寝ている猫を見ることになるのですが、どうしても止められないのです。

一方猫は、唯一の家族である人に対して、「このテリトリーの中で私が一番」を主張します。一般に「猫の問題行動」といわれるほとんどが、猫からの「私が一番」のメッセージです。具体的には、早朝のごはん催促やトイレ以外の場所におしっこをすることなどですが、それによってあなたの関心を引くことに成功します。

このように人と猫が１対１で暮らしている家では、巧みに猫の専制君主化が進みます。不思議と抵抗する人はなく、ほとんどの人はむしろすすんで下僕《げぼく》化するのです。「猫かわいがり」しているつもりが、猫の言いなりになっている。

猫を庇護したい人と、人を下僕と見る猫の関係。

双方のバランスを取るには、「猫は猫、人は人」として、人が猫のありのままを素直に受け止める度量を持つことが必要です。

そして、猫が２匹いると、これが自然にできるようになるのです。

では、１匹と２匹以上ではどんな違いがあるのか、猫の傾向、人の傾向を表にまとめてみました（45頁・表２）。

猫と人、それぞれのメリット

経費や手間を除けば、１匹より２匹以上のほうが猫にも人にもはるかにメリットが大きいことが分かります。では具体的にどんなメリットがあるか、それぞれのサイドから見てみましょう。

〈**猫サイド**〉

・猫としての社会性ができる……仲間がいると「自分は猫だ」と自覚できます。取っ組み合いのケンカごっこで嚙み加減を、仲間の行動を見て危険回避の仕方を學ぶなど、さまざまな場面で猫としての処世術を身につけるようになります。

・適度のストレスで免疫力アップ……人との間に割って入られたり、ごはんを横取りされたり、「シャーッ！」と威嚇されたりするのもいい刺激です。さいわい猫はこうした感情を長引かせません。適度のストレスは智慧《ちえ》や工夫を引き出し、多少のことは氣にしない丈夫な猫になるのを助けます。

・アログルーミングができる……「アログルーミング」とは、猫同士の毛繕《けづくろ》いのこと。実際アログルーミングしている猫たちの表情を見ても大変氣持ち良さそうです。子猫のとき、母猫になめてもらっていた倖せな時期を思い出すのでしょうか。

・抱き合って暖をとれる……いわゆる「猫団子」です。当の猫たちも、見ている我々も倖せになります。前述のアログルーミングもそうですが、こうしたスキンシップは安心感、満足感を伴い、猫の心身の健康に大いに効果があります。

・遊びなどで運動量が増える……追いかけっこや取っ組み合い、物陰に隠れていて相

表2●猫1匹と2匹以上の違い

	1匹	2匹以上
猫の傾向	・人に対して専制君主的になる ・人にストレスを発散する ・退屈することで無氣力になり病氣にかかりやすくなる	・猫としての社会性ができる ・適度のストレスで免疫力が上がる ・アログルーミング（猫同士の毛繕い）ができる ・抱き合って暖をとれる ・遊びなどで運動量が増える
人の傾向	・留守番させることに引け目を感じる ・過保護、過干渉になりがち ・死んだときのショックが大きい	・氣兼ねなく出かけられる ・放っておいても平氣になる ・2匹を比較できるので異変を見つけやすい ・適度の距離感を持ってつき合える
経費	1匹分	2匹分
手間	1匹分	1.5匹分

手をびっくりさせる、上から飛びかかるなど、2匹ならオモチャなしでもよく遊びます。

〈人サイド〉

・氣兼ねなく出かけられる……1匹の場合「ごめんね、早く帰ってくるからね」と言っていた人が、「2匹だから寂しくないよね」と考えるようになります。ある意味、「子離れ」ができたといってもいいでしょう。人のほうが「私がいないとダメ」という呪縛《じゅばく》から解放されると、猫たちの負担も軽くなると思います。

・放っておいても平氣になる……遊び、グルーミング、スキンシップなど猫同士でやってくれますから、人もラクになります。「猫のことは猫に任せる」ようになれば、氣持ちの筋トレ効果が出ている証拠です。

・2匹を比較して異変を見つけやすい……2匹を見ることで観察力が養われ、食欲や排泄の比較ができるようになり、ちょっとした異変にも氣づきやすくなります。

・適度な距離感を持ってつき合える……猫と人がベッタリ依存し合う関係でなく、「猫は猫、人は人」という距離感を持てるようになります。例えば猫の死に際しても残った猫との暮らしを続けながら、その哀しみを受け入れていくことができます。

「猫の森」で行っている猫カウンセリングには、子猫の嚙み癖で困っている方がよく相談に来ます。

「もう1匹猫を迎えてはいかがですか？」

と提案すると、

「2匹になったら、食事やトイレ掃除が大変そうで」

とおっしゃる方が多いのですが、実際の手間は1匹も2匹もたいして変わりはありません。2匹になると、作業の段取りや効率を工夫するようになり、かえって手早くなるといってもいいくらいです。

食事やトイレの猫砂などの消耗品の経費はそれなりにかかりますが、運動量が増え、ストレスにも強くなることで病氣の予防になり、医療費を軽減できれば、こちらのほうがいいと思いませんか？

もっとも、中にはテリトリー意識が異様に強い猫がいて、このタイプは他の猫を受けつけません。例えば、チビタという雄猫は他の猫を見ると、猛然と襲いかかっていき、必ず流血戦になるので、部屋を隔離しなければなりませんでした。彼は人に対しては天使のようなかわいらしさをふりまくのですが、猫に対しては一転、悪魔に変身する猫でした。

また、タケシという猫は、自分より強い雄猫がいると、部屋中におしっこを撒《ま》き散らしました。やはり他の猫と共同生活はできないタイプの猫と分かったので、タケシだけをかわいがってくれる家を探しました。1匹だけになると、タケシはきちんとトイレを使うようになり、以来そうをすることはありませんでした。

新たに猫を迎えるときは、今いる猫の性質を見極めることが重要です。

十猫十色、1匹として同じ猫はいない

私はシッティングの現場でこれまでに延べ5万匹以上の猫と出会いましたが、すべての猫が唯一無二の存在です。それは至極当たり前のことなのですが、私たち人間は、彼らを常識や思い込みから、「猫」という枠にはめた見方をしてしまいがちです。

賃貸のペット可住宅の物件、猫は犬よりハードルが高いことをご存じでしょうか。不動産業の知り合いから聞いたところ、「犬はOKでも猫はNG」の理由は、家主さんの「猫は臭い」という誤った認識からだそうです。実際には、猫は野生においては単独で狩りをする動物なので、体臭はありません。体臭があったら敵に氣づかれてし

まいますからね。ところが現実には、猫ＯＫの物件は少ないのです。

世の中からこうした思い込みをすべてなくすことはできませんが、猫と暮らしていく上では、猫といっても十猫十色、１匹として同じ猫はいないことを知っておく必要があります。

例えば「パーソナルキャット」と呼ばれる猫がいます。これは好奇心をたった１人の人間にだけ向けて、他の人を排除するタイプの猫のことをいいます。「猫の森」の夏子（雌・13歳）がいい例です。彼女は私に対しては無防備に甘えますが、私以外の人には近寄っただけでも牙をむき出して威嚇します。他の猫とルームシェアはできますが、夏子自身と私以外は眼中にないといった感じです。

また、凶暴性の高い猫もいて、お客様との打ち合わせの際、フルフェイスのヘルメットを手渡され、

「うちの子は不意打ちで顔面を襲うので、これを使ってください」

と言われたこともあります。

他にも、エンドレスに遊び続けて呼吸困難になった猫や、私の肩に飛び乗り、前脚で頭を抱え込み、髪の毛をなめて毛繕いしてくれた猫もいました。お風呂が好きで毎

晩家人といっしょに入浴する猫もいます。器用に冷蔵庫の扉を開けて、スライスチーズを食べていた猫もいました。

１００匹いたら１００通り、１０００匹いたら１０００通りの猫たち。こんな具合ですから、キャットシッティングの猫マニュアルは作りようがありません。「こんな猫には○○して対応する」的なマニュアルを作っていたら、キリがないからです。

ですから、私は先入観なしにその都度、目の前の猫と真剣につき合います。

五感をフル稼働させて、その猫の歩き方を見る、口や被毛の匂いを嗅ぐ、鳴き声やゴロゴロ音に耳を澄ます、肉球に触って柔らかさを確認する……。隠れている猫や眠っている猫はそっとそのままにしておく。遊びをせがむ猫とは真剣になって遊ぶ。毎回「今ここ！」に集中するのです。

あなたの猫は、友人の家の猫とも隣の家の猫とも、まったく違う存在。そのこととしっかり向き合って、猫との暮らしを楽しみましょう。

猫年齢と人年齢

猫の生後1年は人の20歳に相当します。その後1年毎に4歳ずつ年を取っていき、

表3●猫と人の年齢比較

猫年齢	人年齢	猫年齢	人年齢
1歳	20歳	13歳	68歳
2歳	24歳	14歳	72歳
3歳	28歳	15歳	76歳
4歳	32歳	16歳	80歳
5歳	36歳	17歳	84歳
6歳	40歳	18歳	88歳
7歳	44歳	19歳	92歳
8歳	48歳	20歳	96歳
9歳	52歳	21歳	100歳
10歳	56歳	22歳	104歳
11歳	60歳	23歳	108歳
12歳	64歳	24歳	112歳

いつしか人の年を追い越していくのです（表3）。

猫は我々人間の4倍の速さで生き抜きます。天真爛漫な子猫時代はあっという間に過ぎ去り、個性豊かな大人の猫となっていきます。そして、一日中うつらうつらうつら寝てばかりの年寄り猫になっても、猫たちは相変わらずかわいいままです。その猫生のすべてを見届けられることは、いっしょに暮らすものの特権だと思います。

老猫を家で看取る時代

私がキャットシッティングを始めた1990年頃、猫の平均寿命は5歳前後でしたが、現在は15歳です。約4半世紀の間に、寿命が3倍になるとは驚異的なことです。

このように劇的に寿命が延びたのは、猫をとりまく医・食・住が改善された結果と考えて良いでしょう。すなわち、「医」は早期の不妊手術が普及したこと、「食」は猫の食事が栄養バランスの良いものに変わったこと、「住」は猫を外に出さない家庭が増えたことです。

また、人々の意識が大きく変わったことも重要な要因です。猫は単なるペットから家族の一員へと、その存在感を増しています。その昔、ネズミを獲って人間に貢献していた猫が、現代では人から癒しを求められる存在になっているのです。

しかし、平均寿命が飛躍的に延びたことで、成猫と老猫の時代が長くなり、これまでになかった課題が生まれています。健康面では肥満、フードアレルギーなどが問題になり、老猫には腎不全、心筋症、ガン、歯周病、認知症といった病氣が増えているようです。

特に13歳以上の老猫の時代が長くなることは、猫と暮らす人々が猫の介護、ターミナルケア、看取りなどにしっかり向き合う必要性が出てきたことを意味します。

私が小さい頃は、大人たちに「死が近づくと猫は姿を消す」と聞かされていて、実際に家の猫たちも、からだが弱ってくると、どこかにいなくなっていました。

ところが今、猫たちはインドアキャットとなり、死が近づいても、もはや姿を隠すことはできません。そして私たち人間が家で猫を看取る時代になったのです。

今後、高齢化した猫に対して、私たちは家族としてどう寄り添っていけばいいか、実際にどのように介護すればいいのかといったことが大きな課題になると思います。

猫に起こる老化現象

では、猫にはどんな老化現象が起こるのか、まずからだの変化を見てみましょう。

〈全体〉痩《や》せて背骨がゴツゴツと目立つようになります。また毛繕いの回数が減って、抜け毛が目立つようになります。柔軟性がなくなり、動きが緩慢になります。

〈目〉目ヤニが出るようになり、毛繕いが減ることと相まって、目ヤニが目立ちます。白内障を発症して目が見えなくなる猫も出てきます。

〈耳〉聴覚が低下し、物音への反応が悪くなり、家人が帰ってきても氣づかずに寝ていることも多くなります。急に鳴き声が大きくなるのも、耳が遠くなって周囲でなにが起こっているか分からず、不安になるせいといわれています。また、耳の中がベタつき、汚れがつきやすくなります。

〈口、歯〉歯周病など歯の病氣で、口が臭い、ヨダレが出る、ものが食べられないなどの症状が起こりやすくなります。

〈被毛〉フケや抜け毛が増え、パサつきや毛割れが目立つようになります。毛割れというのは、毛が束になって松ぼっくりのかさのような状態になることで、老化や腎臓機能低下による脱水が原因といわれています。

〈爪〉猫は爪研ぎの際に古いサヤ（表面の古い角質）を落としているのですが、老化で新陳代謝が低下すると、このサヤが抜けにくくなります。サヤは厚く白濁して、放っておくと肉球に食い込んでしまうこともあります。

〈脚〉筋肉が衰え、後ろ脚から弱ってきます。ジャンプできなくなったり、歩くとふらつくようになります。

このようなからだの変化に伴い、行動にも少しずつ変化が見られるようになります。

〈排泄〉便秘氣味になり、排便の際に力むと吐くようなこともあります。腎臓機能が低下し、水を飲む量が増え、おしっこの量が増えます。また、排尿のとき、しゃがめなくなり、立ったままするので、トイレの外におしっこがこぼれるといったことも起こります。

〈**食事**〉食の好みが変わる、少量を何度も欲しがる、食欲が落ちる、または異様に食べたがるなどといったことが起こります。甲状腺機能亢進症を発症し、異常な食欲にもかかわらず、体重が減少し、落ち着きなく動き回る猫もいます。

〈**睡眠**〉一日のうちほとんどを寝ているようになります。

〈**人への要求**〉要求が通るまで鳴き続けるような猫もいます。遊びよりもスキンシップや優しい言葉がけ、静かにそばにいることなどを好むようになります。

〈**認知機能**〉夜中に大声で鳴いて、部屋中を徘徊するようなことが起こります。これは自分のテリトリーが分からなくなり不安になっているのです。対処法としては狭い部屋に猫を入れて、自分のテリトリーを認識しやすくするなどの方法があります。

老猫を支える日常の配慮

ある日突然、お氣に入りの場所にジャンプするのをためらっている猫の姿に、あなたはハッとするかもしれません。老いの兆しに氣づいたら、ちょっとした配慮をするようにしましょう。

〈室内環境〉変化よりも環境の質を安定させることが大切です。猫は日光浴によって、太陽熱を被毛に備蓄し、夜の保温に使います。日光浴は同時に皮膚炎予防にもなるので、老猫には日当たりのいい場所を最優先で提供しましょう。

安全面では、高いところに登れないような家具の配置にして、落下事故を防ぎます。老猫は高いところから下りられなくなることが多く、人が氣づくまでそこに留まったり、もしくは無理して下りようとして捻挫や骨折をする可能性があるからです。

あまり高くない段差を設けて、室内を立体的な空間にする方法もあります。こうした適度の刺激を与えることは認知症の予防にもなります。これまでどおりにお氣に入りの場所、例えば人のベッドやソファに上がれるように、踏み台やペット用ステップを用意するといいでしょう。手段はどうあれ、昨日まで上がっていた場所に行くことさえできれば、猫のプライドは傷つきません。

猫は暑さに鈍く、寒さに弱い動物です。特に老猫は体温調節が困難になるので、室温には十分氣をつけましょう。夏は室内にいても熱中症になることがありますから、カーテンやブラインドで日除けをしておきます。エアコンは冷房で28度くらいが目安です。エアコンをつけたまま留守番させる場合は、猫が寒く感じたら逃げ込める場所を用意するか、部屋を自由に行き来できるようにしておきます。

冬はすきま風を防ぎ、十分な保温を心がけます。ホットカーペットなどは極力電磁波カットの安全なものを選び、直接長い時間接触するようであれば、タオルなどのカバーをつけ、低温火傷《やけど》に注意します。暖房の目安は22度くらい。空氣を汚さない床暖房や、火傷の危険がなく乾燥しにくいオイルヒーター、電氣を使わず自分の体温で保温するマット、昔ながらの湯たんぽなどがお薦めです。

〈食事とトイレ〉食欲が落ちた猫の場合、食べたいときが食事タイムになりますので、できるだけそばにいる時間を増やし、食べたいサインがあればすぐに食事を用意するようにします。食器をのせる台を用意するのもお薦めです。猫は床までかがまずに食べることができますし、食器に埃《ほこり》が入りにくくなります。

食事内容も、排便がスムーズになるようなものに変えていきます。猫によって違いはありますが、ドライフードよりは水分が多く嗜好性の高いウエットフードを多くすることで、排便がしやすくなる傾向があります。

水を飲む量が減らないように、各部屋に水飲み場を設置します。暑いときは涼しい場所、寒くなったら暖かい場所に水飲み場を移動したり、容器や高さを変えるなどの工夫をしてみてください。

足腰が弱ってくると、縁《ふち》の高いトイレに入りにくくなります。入りにくそうな様子だったら、トイレ容器自体を縁の低いタイプに変更しましょう。また、トイレの外におしっこやうんちがこぼれることも増えてきますので、トイレまわりにペットシーツを敷くと良いでしょう。

腎臓機能が低下すると、おしっこの量と回数が増えますから、トイレを増設し、いつも清潔にしておきます。若い頃より消費量が格段に増える猫砂やペットシーツのストックは十分に用意しておくことが大切です。

〈寝床〉人の干渉がなく、同居猫からも煩《わずら》わされにくい静かな場所を用意します。猫ちぐら（稲藁《いなわら》で編んだ通氣性のいい猫用かまくらのようなもの）のような穴蔵的空間があると、そこに潜り込んで寝るようになります。また、しなやかさがなくなり、からだを丸めにくくなるため、寝床は広めのスペースを用意しましょう。

毛繕いが減ると、寝床に抜け毛が多く付着するようになりますから、タオルなどを敷き、まめに洗濯して寝床の清潔を保ちます。

老猫のお手入れはここがポイント！

老猫に安全かつ快適に過ごしてもらうには、日々のちょっとしたお手入れを欠かさないこと。それぞれのお手入れポイントをまとめてみました。

毎日からだに触っていれば、異常や変化に氣づきやすくなります。からだ全体を触り、怪我や腫れ物がないか、触って痛がる箇所はないかを見るようにしましょう。

〈グルーミング〉痩せて骨張ってくるので、クシは骨に当たらないようソフトに使います。手のひらを使った手グシでも抜け毛はとれますし、スキンシップにもなります。「猫の森」ではフェルトをミトンの形にしたオリジナルの「猫磨き」を使って、老猫の毛並みを整えるようにしています。爪のサヤが肉球に食い込まないようにチェックして、早めに爪切りをします。

〈顔まわり〉歯垢や歯石を予防するために、歯磨きはできればやったほうがいいですが、歯を触られるのを嫌がってできない猫もいます。すでについてしまった歯垢や歯石には、猫の口内に向けてワンプッシュ、スプレーするだけの歯磨きもあります。人にも猫にもストレスの少ない用品を選ぶことは、口内衛生に限らず大切なことです。

口臭がないか、時々口の匂いを嗅ぐようにします。水の飲み方、ごはんの食べ方にも注意して、口に異変があれば早めに対応できるように心がけます。普段から猫の口のまわりに触れるようにしておくと、投薬や歯磨きの負担が減ります。

鼻と目の距離が短い猫種の場合は特に、涙目になったり目ヤニが多く出ます。そのまま放っておくと固まって剝《は》がしにくくなるので、こまめに拭き取るようにします。

耳の中がベタつくようなら、中指にカット綿を巻きつけ、そこに除菌液を含ませて、耳掃除をします。両手の親指と人差し指で、猫の両耳の根元を優しくはさみ、ゆっくりと耳先にかけて、指を滑らせていく耳マッサージは、耳のツボを刺激して元氣恢復《かいふく》に効果的です。また、耳と耳の間の皮膚をつまんで引っぱる耳つまみは、全身脱力してうっとりとする猫が多いので、ぜひ試してみてください。

〈**お尻まわり**〉長毛種の猫は肛門まわりの毛を短くカットして、うんちが毛にからまらないようにしておきます。おしっこを漏らしたりする場合は、ペット用オムツを使うのも1つの選択です。ただ、オムツかぶれも起こしやすいので、オムツ交換の際に注意して見てください。

〈**お手当て**〉副作用の心配もなく、効果をすぐに実感できるのが「お手当て」です。お手当てのやり方は簡単です。猫のからだに手のひらを当てると、人も猫も氣持ちよく感じる場所に、自然に手が導かれます。もうこれで十分という感覚になると、やはり自然に手が離れます。長時間やることではなく、猫に触れて、氣持ちいいと感じることが重要で、お手当てで猫を治そうとか、元氣になってとは考えないことです。そういう欲求を手放して、ただ猫といっしょにいられることに感謝するのが、お手当ての基本です。

老猫との暮らしで心がけたいこと

猫たちはゆっくり優雅に年を重ねていきます。私たちは彼らの良き伴走者になって、彼らが生を終えるのを見届けなくてはなりません。老猫の家族として、日々心がけたいことを書き出してみましょう。

まず大切なのは、眠りを妨げないことです。一日の大半を眠って過ごすようになった老猫をそっと見守ります。だれにも邪魔されない静かで落ち着ける寝床を用意し、保温、清潔に留意しましょう。寝ていることは無駄なエネルギーを使わないことなのです。

残り少ない猫との時間を楽しむことも忘れないように。リラックスした状態で、猫を優しくなでたり、話しかけましょう。猫をなでるとき手が冷たい場合は、両手をこすり合わせて、手のひらを温かくしてからにしましょう。猫は静かでゆっくりした動作を好みます。床に寝転んで、顔を猫の目の高さにして、話しかけるのもいいでしょう。自分が大事にされていることが分かると、老猫は安心していられます。

猫とのコミュニケーションタイムは深い呼吸を心がけます。おへその下あたりにからだの重心を置くと、自然と長い息を吐けるようになります。この呼吸を止めずに、猫のゴロゴロ音に呼吸を合わせてみましょう。

そして猫に対して「〇〇してやる」といった上から目線ではなく、猫を尊重し、彼らがどうしたいかを尋ねるつもりで接します。リラックスした状態でのスキンシップで、猫とあなたが言葉を介さなくても、ちゃんと交信できることを思い出してください。

常に観察と配慮は必要ですが、過保護にはならないことです。猫は自立した精神の持ち主です。先回りしたおせっかい、子ども扱い、年寄り扱いはしないように。

あなたの存在が猫にとっての環境であることも忘れないでください。猫のテリトリーでは、なるべくマイナスの感情を発しないようにしましょう。

心配より信頼。老猫との大切な時間は、起こってもいないことを心配するより、その猫の生きる力を信頼することに使いましょう。

今ここ！　猫の関心は常に目の前のことに向けられています。ですから、老猫との時間の一瞬一瞬を大事にすることです。

猫があなたに対して、鳴いて話しかけてきたら、ほんの数分でいいので、必ず応えるようにしてください。どんなにあなたが忙しいときでも「後でね」は、猫には通じません。老猫にとっては今だけがすべてです。ほんの少しの時間でいいので、どんなときも老猫に応えられる心の余裕を持つようにしましょう。

生の終わりが近づくにつれ、彼らが目を覚ましている時間は少しずつ短くなっていきます。猫と目が合ったら、笑顔で優しく話しかけられるよう、あなた自身のご機嫌元氣をキープしましょう。

猫たちは死を恐れません。ただ受け入れるだけです。私たちは彼らのしたいことを汲み取って、それに誠意を尽くしたいものです。例えば、猫が通院を嫌がるなら、自宅でなにができるかを考える、といったように。老猫介護に完璧はありません。できる範囲でベストを尽くしましょう。

第2時限 猫という動物を學ぶ

猫は単独のハンター、その身体能力の秘密

猫の祖先は、約5500万年前に生息した樹上の肉食獣ドルマーロキオンという小型の動物です。犬、熊、ライオン、アザラシなどの肉食性哺乳《ほにゅう》類すべての祖先がドルマーロキオンといわれています。この小型の動物は昆虫など自分より小さい動物を食べていたそうで、猫はまさにドルマーロキオン直系という感じがします。

祖先を同じくする犬と猫が、現在人間の伴侶動物の代表格になっていることにも興味深いものがあります。平原を生活圏にし、集団で狩りをしていた犬と、森に暮らし、単独で狩りをしていた猫は、その狩猟方法の違いから身体的な特性も大きく異なっています。犬は長時間獲物を追いかける持久力があり、嗅覚に優れており、小型から大型動物、鳥類まで狩猟します。猫は瞬発力、柔軟性があり、感度のいい聴覚を使って齧歯《げっし》類などの小動物を獲物としてきました。

では、単独のハンターである猫は、どのような身体能力を持っているのか。第2時限ではその秘密を探っていきましょう。

樹上生活で培われた平衡感覚と柔軟性

カーテンレールの上に乗る、ベランダの手すりに飛び乗る、液晶テレビのモニターの上を歩くなど、猫は非常に優れた平衡感覚の持ち主です。彼らは3センチほどの幅があれば、下を見ずにスイスイと歩くことができるのです。この身体能力は樹上生活で培《つちか》われたと考えられています。

猫は鋭い鉤《かぎ》爪とクッションの役目を持つ肉球、センサーの働きを持つ前脚に生えている感覚毛（ヒゲ）などによって、足先の感覚が極めて鋭敏な動物です。

そして、猫のしなやかな動きは約230個（しっぽの長さによって骨の数は変わります）の骨から成り立っています。大きさが猫の約15倍ある人間の骨は206個ですから、骨の多さが猫の柔軟な動きを可能にしているといえます。

背骨を構成する骨の数は猫が60個、人間は34個です。猫の背骨はたくさんの椎骨《ついこつ》がゆるくつながっているため、空中で弧を描くような動きやひねりが自在にできるというわけです。くるんと丸くなって寝る姿勢も背骨の柔軟性によるものです。子猫が遊びの最中に、背中を山なりにして斜めにタンタンタンッとリズミカルに走ることがありますが、この「斜め走り」も猫背だからこそできる動作といえます。

高いところから落下しても体勢を立て直して着地できるのも、優れた平衡感覚と柔軟性のなせる業《わざ》。床まで60センチの距離があれば、からだをひねらせて足先から着地することができます。シッティング先では、ねこ友（20頁参照）で大ジャンプを連発する猫も多く、高く跳べば跳ぶほど、からだのひねりもダイナミックになっていきます。シュタッと着地を決めて、即座に次のジャンプをする猫の潑溂《はつらつ》さや高揚感は見ていてゾクゾクするほどです。

とはいえ、猫はどんなに高いところから落ちても平氣というわけではありません。高層の建物から落下すれば怪我や死亡も起こりえます。猫の平衡感覚や柔軟性を過信することなく、落下防止策もしっかりしておきましょう。

毛繕いにも柔軟性は欠かせません。毛繕いは前脚、顔から始まって、背中から腰、V字開脚で腹部からお尻まわりをきれいにし、左右のひねりでしっぽのつけ根から先端まで無駄のない一連の動作で行います。後頭部と顔以外、ほぼ全身を舌でなめることができるおかげで、猫は体臭がなく、からだを清潔に保てるのです。

現在「猫の森」の猫として最長老のモン（雌・19歳）は、高齢にもかかわらず、毎日入念な毛繕いをします。その姿はバレリーナが踊る前にからだをストレッチしているような優雅さがあって、このしなやかさがあるうちはまだまだ長生きしそうだと思わせてくれます。

ちなみになめることができない後頭部は、母猫が子猫を運ぶときにくわえる場所で、成猫になってからもここを押さえられると抵抗せず、おとなしくなります。交尾のときに、雄猫が雌猫を噛んで押さえる場所も同じです。猫がなめられないという理由で、ノミ駆除剤を垂らす箇所は首のうしろが指定されています。

ウサイン・ボルト顔負けの瞬発力と跳躍力

猫には犬のような持久力はありませんが、その瞬発力は素晴らしいものがあります。走る速さは時速約48キロ、秒速約13メートル。ただし、持続するのは5秒程度。世界最速のウサイン・ボルトよりも速く走れますが、走ってもせいぜい70メートルが限界です。

走り方はつま先立ちで、両後ろ脚で地面を蹴って背中を伸ばし、前に大きくジャンプします。前脚で着地すると、背中を丸めて力をため、跳び箱を跳ぶようにして、次のジャンプに入ります。猫は背骨の曲げ伸ばしで歩幅を稼いで走る短距離スピード型です。「猫の森」のカカ太朗（雄・8歳）は、突如として家中を駆け回ります。ダッシュ、ストップ、Uターンしてダッシュ。走るときは、音もなく忍び寄るときの歩き方とは違い、パカリパカリと音を立てます。そして、始まったときと同じように、突然パタッと終了します。まるで妄想の獲物を追いかけているかのような熱狂ぶりですが、息切れすることはありません。このへんは「夢中になっても熱くなり過ぎない」猫の省エネな行動傾向なのでしょう。

また助走なしで1・5メートルくらいは軽々ジャンプできる跳躍力もあります。アビシニアンという猫種のミミ（雌・3歳）は、シッティングに行く度に私の肩にひょいと飛び乗ってきました。私は身長が172センチなので肩の高さは140センチくらいになります。ミミは体重2・8キロの小柄な体型。とはいえ、もう子猫ではなかったので、その身軽さにはびっくりしたものです。

獲物を仕留める鋭い爪と牙

肉食の猫にとって、狩猟の武器となるのは、鋭い爪と牙です。犬の爪は出しっ放しですが、猫の爪は自由に出し入れができ、歩くときは爪を引っ込めて音が出ないようにします。猫の狩りは待ち伏せ型なので、獲物に氣づかれずに音もなく忍び寄る必要があるからです。

獲物に襲いかかるときは、草や木の陰に身を隠しながら忍び寄り、タイミングを見計らって、鋭い爪を立てて獲物を押さえます。前脚で獲物を捕えたら、逃がさないように押さえ込み、ノド元に噛みつきます。このとき鋭い犬歯でとどめを刺します。

散歩のときによく見かける三毛猫がスズメを獲った瞬間を目撃したことがあります。木陰でからだを低くして、背中からお尻にかけて筋肉を波立たせたと思った瞬間、大きくジャンプしてスズメを仕留めていました。その一撃の正確さとスピードは、いつもはおっとりしている三毛猫からは想像もつかないものでした。

目による感情表現がとても豊か

猫の目は顔の面積に占める割合が大きく、瞳孔は外の光の加減や感情によって縦長に膨らんで丸くなったり、細くなったりします。

古代エジプトで猫が神と崇《あが》められたのも、猫の瞳の変化が太陽の回転に従うもので、夜、暗闇でものが見えるのは太陽が猫の目を通して、下界を見るためと考えられたからだそうです。たしかに瞳の大きさが変化することもそうですが、時として猫の瞳が非常に雄弁であることは古代エジプト人にとって、大変神秘的だったことでしょう。

22歳で生を終えた私の猫ズズは晩年、目だけで私に要求を伝えてきました。黙って人を遣う術《すべ》は、やはり瞳が決め手だったと思います。瞳孔の大きさを変えるだけで「良し」や「嫌」を伝えてきました。猫はあまり瞬《まばた》きをしないのですが、ズズはこの瞬きも効果的に使ったものです。猫好きな人間にとって、猫からのアイコンタクトは実に魅力的で、到底逆らうことなどできません。

人はものを認識するとき、その8割を視覚に頼っていますが、聴覚、嗅覚、視覚、触覚などをバランス良く使うのが猫という動物です。猫の五感について、1つ1つ見ていくことにしましょう。

人には聞こえない音を聞き分ける耳

猫の可聴域はおよそ6～10万ヘルツといわれており、20メートル先のネズミの足音をもキャッチできる耳を持っています。人の聴覚は最大でも2万ヘルツくらいとされていますから、猫は私たちには聞こえない音の世界に生きているといえるでしょう。

別々に動かすことのできる耳の構造は、音源の位置とそこまでの距離を正確に捉えます。右耳と左耳が違う方向に向いているときは、音のする方向を探して、音源までの距離を正確につかもうとしているのです。猫の耳の筋肉は人の5倍もあって、三角形の耳を180度回転させて、広範囲の音を拾うことができます。

猫が聞き取りやすい音域は大体2000〜6000ヘルツで、この音域は子猫の鳴き声に近いそうです。子猫を危険から守るのは、種の保存に欠かせないことですから当然かもしれません。

さて、ここで、あなたがいつも猫に話しかけるときの声を思い出してみてください。いかがでしょう、普段しゃべっている声よりちょっと高めの声ではありませんか。高めの声のほうが、猫の反応もいいはずです。男性より女性を好む猫が多いのも、女性の声のほうが高音で、猫が聞き取りやすいからです。

また、猫に対して、「かわいいでちゅね」といった赤ちゃん言葉で話しかけた経験はありませんか？　このときの声も普段よりやや高めの声だと思います。そして、その口調は穏やかで優しいことでしょう。

私たちは教えられなくてもちゃんと猫に対して、最適なコミュニケーションをしているのです。このことを忘れないでいれば、どんなときも猫とコミュニケーションをとることができると私は信じています。

猫は聞き慣れない音に敏感

ちょっと話がそれますが、猫グッズを売っているお店には猫用首輪も置かれています。首輪には鈴がついているものが多く、猫の首に巻くと見た目がかわいらしいので、そのまま使っている方も多いようです。しかし聴覚が人よりずっと優れた猫の立場になってみると、歩く度にチリンチリンと音がするのはどんな氣持ちでしょう。

鈴つき首輪のメリットは、お年寄りが子猫と暮らす場合、猫の所在を確認することができることです。子猫に足元をチョロチョロされて、お年寄りが転倒する危険を減らせますし、トイレやクローゼットにうっかり子猫を閉じ込めることもなくなります。でも、成猫になって、ある程度行動に落ち着きが出てきたら、鈴は必要ありません。

キャットシッティング先で、カウベルを首からぶら下げている猫がいました。それは鈴のようなかわいらしい音ではなく、歩くとガランガランと音がする代物《しろもの》でした。

お客様のお話では、

「タロウは凶暴な猫で、人を襲うこともあるのでカウベルをつけています。普段は外に出していますが、留守中は家の中で我慢してもらいます。ストレスがたまっているかもしれませんので、くれぐれも注意してください」

とのこと。当のタロウ君はお客様の横で、私を睨《にら》んでうなり声を発しているのでした。

さて、シッティングに行ってみると、タロウ君の姿がどこにも見当たりません。ひとまずトイレ掃除を済ませ、食事を用意していると、背後にガランガランという音が聞こえました。私は即座に用意した食事を床に置き、玄関に移動しました。タロウ君は私から目を離さずに、うなりながら接近してきました。が、途中で彼は床の食事に氣がついたのです。彼が食べ始めた隙に私はドアの外に出て、なんとか無事にその日の仕事を終えることができました。

そのとき私はカウベルに感謝しましたが、よくよく考えれば、タロウ君はカウベルのせいでずいぶん不自由な思いをしていたことでしょう。カウベルをつけなければ、そんなに乱暴な猫ではなかったのかもしれません。

猫は聞き慣れない音に対しても、とても敏感です。夏の花火大会以来、トイレ以外の場所でおしっこをするようになった猫がいます。チャイ君（雄・1歳）の家族は、全員で家近くの川で開催される花火大会に出かけました。帰宅すると、部屋のあちこちにチャイ君のおしっこがあり、その日以来彼はトイレを使わなくなってしまったそうです。

彼はそれまでフードカバーつきのトイレを使っていました。トイレを使っている最中に、チャイ君がこれまで聞いたことのない「ドーーーン」という大音響がしたため、彼にとってトイレは嫌な場所になってしまったのかもしれませんね。

シッティングの打ち合わせ時にお聞きする項目の中に「猫の嫌いなもの」があります。その中で音に関したことをまとめると、掃除機の音、ドアチャイムの音、大声、怒鳴り声などが挙げられます。雷が鳴り始めると、押し入れに逃げ込む猫もいます。小さい子どもが来ると姿を隠してしまう猫もいます。

総じて猫は、騒々しい、荒々しい、やかましい音や声は苦手なようです。静かで穏やかな環境が猫にとっての快適なのだということを覚えておきましょう。

人の5倍の嗅覚で匂いを嗅ぎ分ける

猫の嗅細胞の数は約2億個で、人の5倍もあります。10億個の犬には劣りますが、猫もかなりの精度で匂いを嗅ぎ分けています。

猫は匂いによって、食べられるかどうかを判断します。例えば人間が食べているものに興味を持って近づいてきた猫は、まず匂いを嗅いでから口にします。匂いを嗅いだ後、プイといなくなることもありますから、食べ物ならなんでもいいというわけではないようです。

また、グリルで魚を焼いていると、その匂いで猫が寄ってきます。匂いが猫の食欲を喚起するのです。猫にとって匂いと食欲は密接に結びついていて、風邪などで鼻が詰まって匂いを感じなくなると、食べられなくなって衰弱してしまうということもよくあります。

発情期に入ると、雌猫の発情フェロモンが雄猫を呼び寄せます。人間には雌猫のフェロモンを嗅ぎ分ける能力はありませんが、不妊手術をしていない雄猫のスプレーの匂いは強烈なので、すぐに分かります。

スプレーはおしっことは別で、少量で濃度の濃い尿を、立ったままの姿勢で垂直の壁にピピッと噴射します。これは縄張りを主張する匂いづけで、発情期中の雌猫もしますが、雌猫のスプレーは雄猫ほど強烈な匂いではありません。ちなみに雌猫のスプレーを嗅いだ雄猫は、クンクンと匂いを嗅ぎ回ってフレーメン反応を見せ、その後、匂いの元にからだをこすりつけたりします。

フレーメン反応というのは、猫が半分目を閉じ、口を半開きにして、しばらくの間恍惚《こうこつ》状態に陥ることを指します。猫には、鼻とは別の嗅覚器管が口の中にあり、そこで性フェロモンのもとを受容しようとしているのです。シッティング先の猫が、私のバッグや靴の匂いを嗅いで、フレーメン反応をすることがあります。シッターのバッグや靴は、たくさんの猫たちに匂いづけをされているので、嗅覚が鋭く、好奇心旺盛な猫にとっては魅惑の香りプンプンなのだと思います。

また人には嗅ぎ分けられませんが、猫の額、唇の両端、アゴの下からはフェイシャルフェロモンが出ます。この3ヶ所は猫が甘えたとき、人間の手や顔にこすりつける箇所。このフェロモンは匂いづけの他にも、慣れない環境に置かれた猫を幾分か落ち着かせる作用があります。シッターと留守番猫のファーストコンタクトは、シッターのそっと差し出す人差し指に対して、猫が指の匂いを嗅ぎ、その後額や口元を押しつける匂いづけでスタートします。シッターのふくらはぎにしっぽを巻きつけるのもやはり匂いづけです。

匂いづけをする臭腺のある箇所は、額の両脇、唇の両脇、アゴ、肉球、しっぽ、肛門などです。あなたが帰宅したとき、猫がこうした部分をこすりつけてきたら、匂いづけをされていると思って間違いありません。なぜなら、家はその猫のテリトリーで、外でいろんな匂いをつけて帰ってくるあなたは、ある意味侵入者だからです。

猫は自分の匂いをあなたにつけることで、こんなふうに思っているかもしれません。

「コイツは俺のもの。俺の匂いをつけたから入ってよし」

甘えながら、しっかり匂いづけをする。猫はなかなかしたたかなところがあるのです。

猫同士の挨拶にも嗅覚が活躍します。猫同士は最初慎重に互いの首を伸ばして、鼻の匂いを嗅ぎ合います。口のまわりの匂いも嗅ぎ、お互い「よし」となれば、首、胴体と匂いを嗅いでいき、最終的に肛門の匂いを嗅ぐのが挨拶のフィニッシュです。

このとき、お互いに肛門の匂いを嗅がせまいとして、ぐるぐると円を描いて回り、やがて弱いほうの猫がしっぽを上げて、優位の猫に肛門の匂いを嗅がせます。時には、鼻の匂いを嗅いだ段階で「カァーッ」とふいて、威嚇に転じる猫もいます。こういう場合は生理的に受けつけない相手なのでしょう。

臭腺のある箇所

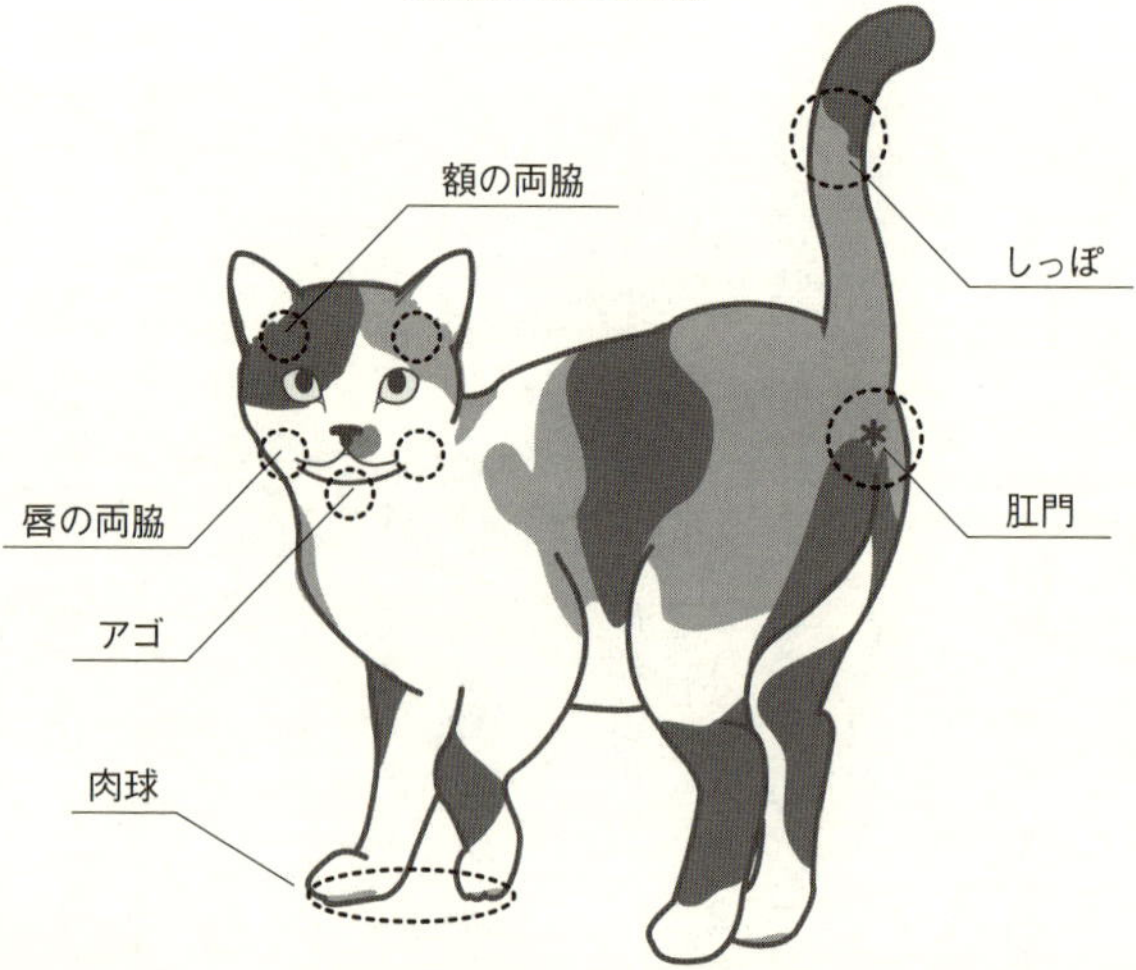

実は私も猫流挨拶の仲間に加えてもらうことがあります。私が机を前にして椅子に腰掛けていると、机の上に猫が飛び乗って、私の顔に頭をこすりつけてきます。そしてやがて、私の顔に肛門を持ってくるのです。これは私を優位と見ての行為なのか、少々悩むところではありますが、一応ありがたく、匂いを嗅ぐまねごとをして終わりにします。猫は「コイツはからだがデカイから、ケンカをしたら負けそうだ。一応立てておいたほうが安全だろう」と考えているのかもしれません。

猫の好きな香り、嫌いな香り

猫にも好きな香りと嫌いな香りがあります。

猫の大好きな香りといえば、マタタビが挙げられます。「猫の森」のオリジナル猫オモチャには、マタタビ粉入りのヌイグルミ「ネコ満足じゃ」があります。丈夫な布の中に綿を詰め、その中にマタタビ粉を入れてあるだけのものですが、マタタビに反応のいい猫はこのオモチャを離しません。口にくわえて、ヨダレでデロンデロンにしてしまう猫もいます。マタタビの刺激で興奮して、オモチャに猛烈にキックをしたり、突然ダッシュしたりする猫もいます。

夢中になっている時間は、猫によって違いますが、大体数分で覚め、何事もなかったかのように通常の状態に戻ります。マタタビはネコ科の動物を酔わせる効果がありますが、中毒性はありません。子猫だとマタタビに反応しないこともあるので、私はよく「マタタビは大人になってからですよ」と、このオモチャの説明をしています。

市販の爪研ぎ用段ボールにはマタタビ粉入りの袋がついています。マタタビ粉を段ボールにふりかけると、さっそく猫がやってきて、マタタビの匂いにうっとりした後に、バリバリと爪研ぎをします。爪研ぎもまた匂いづけなので、一度爪研ぎをした段ボールは、猫によって公式の爪研ぎ場所として認定されるというわけです。

リラックスのために部屋でアロマを焚《た》く方は多いと思いますが、エッセンシャルオイル（精油）は猫には危険という説があります。以前は私もユーカリやラベンダーなどの香りを楽しんでいました。ですが、猫はこうしたエッセンシャルオイルの成分をうまく代謝することができず、中毒になる危険性があるという報道があってからは、家でアロマを焚くことは止めました。その後の報告では、猫の皮膚に直接エッセンシャルオイルをつけたり、猫がなめたりといった経皮吸収がなく、芳香浴だけであれば中毒の危険性はないとのことですが、エッセンシャルオイルの芳香浴を長年続けると、猫がどうなるかは未知の領域です。

「猫の森」の夏子は漂白剤の匂いが大好き。彼女は漂白剤のしみこんだ布巾の匂いを嗅ぐと、マタタビに反応する猫のように転げ回り、トロンとした目つきになって、ヨダレを垂らします。メントール系の塗布薬を肌に塗ると、猫がそこをベロベロなめて困るという話もよく聞きます。

10年以上前、香料の強いシャンプーを使っていたシッティングスタッフが、訪問先の猫にひっかかれたことがあります。嗅ぎ慣れない匂いに危険を感じたのかもしれません。それ以来、「猫の森」のシッターはプライベートでも化粧品、シャンプー、整髪剤、柔軟剤、芳香剤など匂いのあるものは使用しないことにしました。シッターでなくても、猫と暮らすなら、猫になめられても安全で、匂いがないものがお薦めです。

動体視力に優れた目

猫の視力は人の10分の1程度しかなく、決して目がいいというわけではないのですが、動体視力は非常に優れています。これは、ネズミなどすばしっこく、小さな動物を獲物にしていたためで、逆に動かないものを見るのは得意ではないようです。

猫は顔の大きさに対して非常に目が大きく、丸い顔の前面にある目が250〜280度のワイドな視野を可能にしています。また、両目で見ることで獲物までの距離をかなり正確に捉えることができます。

夜間にものを見る能力は人の6倍で、薄暗い場所での狩猟に適しています。焦点を合わせやすいのは2・4〜3・6メートルの距離。最もよく見える距離は75センチくらいで、チロチロ動くものや光るものに対して敏感です。こうした特性を利用して猫と遊ぶと、猫は狩猟本能を刺激されます。前述した「猫の森」のオモチャ「スーパーねこ友」のひもの長さは、編んでいる部分を75センチにしています。編んでいないヒラヒラの部分を加えるともっと長いのですが、猫が一番、見えやすい距離を考慮して作ったオモチャなのです。

物事がめまぐるしく変わることを「猫の目のように」などといいますが、これは猫の瞳孔が明るさや感情の起伏によって、くるくる変わることから生まれた言葉です。猫の瞳孔は縦に細長く開閉します。外が暗いと瞳孔が開き、ほとんどの部分が黒目になります。感情面では興奮したり、興味津々のとき、恐怖を感じたときなどがこの状態です。反対に外が明るいと瞳孔が閉じて、黒目部分は縦長の線になります。攻撃体勢に入るときも縦長の瞳孔になります。

猫の写真を撮る際は、フラッシュを使わないようにしましょう。夜行性の猫の瞳は、暗闇でもより多くの光を取り込む構造になっているため、フラッシュを使うと光の量が多過ぎて、目を傷めることになります。特に視覚が未発達な生後1ヶ月以内の子猫にフラッシュを使うと、視覚障害になる可能性が高いので絶対に止めてください。

猫にはさまざまな毛色がありますが、瞳の色も猫によってまちまちです。生後1週間から10日で目が開きますが、そのときの目の色は青色です。これをキトンブルーといいます。生後40日を過ぎた頃から目の色が本来の色に定着し始め、半年くらいで本来の目の色になります。目の色は大きく青、緑、黄、茶の4色で、左右の目の色が違うことをオッドアイといいます。

鼻先と足先の触覚が敏感

ひとことでいうと猫は熱さ（暑さ）に鈍感で、寒さに弱い動物です。室内にいても熱中症になることがありますし、焼けた車のボンネットの上で、肉球を火傷した猫もいます。肉球を火傷したのはトヨコ（雌・10歳）で、4本の脚すべての肉球を包帯でグルグル巻きにされ、エッチラオッチラと歩いていました。肉球は怪我をすると治りにくい箇所なので、肉球を傷つける可能性のあるハサミや包丁、ナイフなどの刃物は、猫が触ることのできない場所にきちんと収納しておきましょう。

触覚では、鼻先と足先が特に敏感です。

私は長年、猫のヒゲのコレクションをしています。形状は根元が黒くて先が白いもの、長くて硬い立派なもの、短くて細い頼りなげなものなどさまざま。これらはヒゲの役目を終えて抜け落ちたものなのです。ヒゲにはセンサーの役目があり、障害物をチェックし、空氣や風向きを察知します。そして獲物の匂いがする方向を正確につかむことができます。

猫のヒゲは、顔に4ヶ所、前脚に1ヶ所生えています。目の上にある6本、頬の横に1、2本。口の両脇に4列に生えているのが約16本。アゴの下にも短いヒゲが数本あります。前脚の裏側にある短く細いヒゲは3、4本です。

目の上のヒゲは目を保護しますし、一番長くて立派な口の両脇のヒゲは、仕留めた獲物を口にくわえたとき、これを覆うようにすることで、まだ生きているかどうかを知ることができます。また、顔にあるヒゲの先端を結んだ大きさが、その猫がくぐれる範囲となります。

前脚の裏側、肉球の少し上あたりに生えているヒゲは、前脚で獲物を捕獲する際、センサーとなるヒゲです。また、人は猫が吐いたものをうっかり踏んでしまうことがありますが、猫はこのヒゲのおかげで、そうしたものを避けて通ることができます。

味覚は繊細ではないがこだわりが強い

肉食の動物である猫の味覚は、酸味、苦味、塩辛味を感じ取れるのみで、人間のような味覚の繊細さはありません。酸味に一番敏感で、苦味はその次によく感じ取るようです。

猫には甘味を感じる味蕾《みらい》はないとされていますが、実際には甘味を好む猫は案外多いように思います。ズズは高級プリンが大好物でしたし、ドド（雄・16歳）はシュークリーム、コタ（雄・９歳）はカステラ、栗どら焼き、トン（雌・18歳）は金平糖が大好きでした。どう見ても彼らは美味しそうに食べているようだったのですが、ホントのところ美味しかったかどうかは謎です。

猫には水の味を感じる受容器があって、異なった種類の水の識別ができるそうです。

たしかに水に関しては、こだわりのある猫が多いかもしれません。水の風味を大切にしているオーカッツというメーカーの器に入れると水をよく飲むようになるのも、猫が水の味に敏感な証拠ですね。ですから、水飲みの器を洗剤で洗うときは、洗剤が残らないようにしっかりゆすいでください。

味覚忌避といって、一度食べて氣持ちが悪くなった食べ物は二度と食べない習性もあります。これは猫だけでなく、他の動物もそうで、食べることが生きることと深く結びついているからだと思われます。

猫は食の好みがはっきりしていて、手作りごはんを作っても見向きもしない、高級フードを買ったのに一口も食べないといった声もよく聞きます。2種類のドライフードをミックスして出すと、好きなほうのドライフードだけを選んで食べるといった器用な猫もいます。もっとも猫はよく噛んで味わって食べるわけではないので、味より重要なのは匂いだと私は思います。

猫の野性を身につけよう

猫と人の歴史は約1万年といわれますが、猫はインドアキャットであっても、野性の部分をそのまま持ち続けて生きています。つい先日も「猫の森」の華（雌・18歳）がクモをなぶっている現場を目撃しました。猫の18歳といえば、けっこうなお年なのですが、まだまだプレデターとしての貫禄十分に、前脚でクモを押さえ込んでは離すという動作を楽しげにやっていました。家の中に昆虫類が入ってくると、大抵この華が真っ先に発見して仕留めます。食べはしないのですが、動くものを捕まえる本能は健在です。普段は寝てばかりの華が、瞳をキラキラさせて虎視眈々《こしたんたん》と獲物を狙う姿は実にイキイキとしています。

猫は室内においても、野生の本能を活かして、日々の暮らしにメリハリをつけているように感じます。退屈しないように自分で狩りごっこをするのも、おそらくその1つでしょう。スーパーのレジ袋に飛びかかったり、トイレットペーパーの芯を転がしたり、パーカーのひもにじゃれついたりするのは、子猫だけではありません。

猫といっしょにいると人も動物としての野性が鍛えられます。見る、聞く、嗅ぐ、触るなど五感が鋭敏になり、否応《いやおう》なく猫の氣配に敏感になります。

老猫が6匹いるわが家の場合、「ケッケッケッ！」という音が聞こえたら、猫が吐こうとしているサイン。急いでティッシュなどを探して、猫の前に敷きます。その直後に猫がケポッと毛玉をティッシュの上に吐き出して、床を汚さずに済むと、かなりの達成感を味わえます。私はこのゲームを毎回楽しんでいます。

人目線で神経質になるのではなく、猫の本能を知って、彼らの野性を面白がれるようになると、猫との世界が広がります。そういう私たちを猫はちゃんと見ていて、分からない人にはちゃんと分からせようとして、しつこくしつこく課題を出してくるようです。さあ、あなたは猫からの課題をクリアできているでしょうか?


耳、瞳孔、ヒゲの連動に注目!


猫は鳴き声やしぐさだけでなく、さまざまなボディランゲージで感情を表現する動物です。最も多様な表現をするのが、耳と瞳孔の連動した動きです。

通常の表情は、耳は前を向いてピンと立ち、瞳孔は細めです。攻撃的な相手を発見した場合は、耳は横向きになりますが、瞳孔はまだ細いままです。

相手に対して強氣な状態では、耳は後ろ側を見せて立ち、瞳孔は依然として細いまま。少し恐怖が芽生えてきた段階では、耳は折れ曲がる寸前にまでなり、瞳孔が開き氣味になります。少しの恐怖に怒りが混ざってくると、耳は立ち、瞳孔は小さく開き

耳、瞳孔、ヒゲの連動

興奮、または緊張している状態や興味のあるものを発見したとき。耳はピンと立ち、瞳孔は開き、ヒゲは顔の前面をワサッと囲むような形になる。

まったりとリラックスした状態。耳は立ち、瞳孔は細め、ヒゲは真横方向。体調が良くないときは、耳と瞳孔は変わらず、ヒゲが力なく垂れる。

上機嫌で陽氣な氣分のとき。耳はピンと立ち、瞳孔は普通、ヒゲは10時10分の角度にピンと張る。

恐怖や怒りの感情がわき上がったとき。耳は伏せられ、瞳孔は大きく開き、ヒゲは顔にぺったりと張りつく。

ます。

怯えたときは、顔だけは相手に向け、からだを横向きにして、「自分は大きくて強いんだから、攻撃するなよ」という意思表示をします。また、相手に負けは認めたくないけれど内心困惑している状態では、目をそらします。

相手に対してかなりの恐怖を感じると、耳は完全に伏せ、歯を見せて「シャーッ」と威嚇します。そして、恐怖心が攻撃心を上回ると、耳は折れ曲がり、瞳孔は大きく開きます。攻撃心と恐怖心ともに全開になると、耳は横に倒れ、瞳孔は大きく開きます。

ヒゲの状態も、耳、瞳孔と同様、猫の氣分に連動して大きく変わります。

獲物を見つけて興奮している、初めて出会った人物に緊張している、新しいオモチャに興味津々といったとき、ヒゲは顔の前面をワサッと囲むような形になります。まったりとリラックスしているときのヒゲは真横方向、体調があまり良くないときのヒゲは、力なく垂れ下がっています。

上機嫌で陽氣な氣分のときは、時計の針が10時10分を指し示すような角度でピンと張っています。

動物病院の診察台に乗せられたり、自分より強い相手に追いつめられたときの猫のヒゲは顔にペッタリ張りついて怒りや恐怖を表わします。

しっぽで分かる猫の感情

しっぽも、とても雄弁にいろいろなことを語ってくれます。

しっぽの先が曲がったかぎしっぽ、グニュグニュ複雑に曲がったしっぽ、ほんの申し訳程度の尾骶《びてい》骨の出っ張りだけのしっぽ、秋田犬のようなくるりんしっぽなど変形しっぽの猫たちも、基本のしっぽの動かし方は感情と連動しています。まっすぐ長いしっぽの動きを例にして、その表現する意味を見ていきましょう。

しっぽをピーンと立てた状態は、ご機嫌、親愛の情、挨拶、他の猫や人を遊びに誘う、発情時の雌猫の性的接近などを表現します。しっぽを高く上げるということは性器が丸見えになるということで、それだけ相手に対して、警戒を解いているということになります。

しっぽを水平にするのは、友好的な接近を意味します。シッティング先で猫がこのしっぽをしていれば、まず大丈夫。このタイプの猫は、こちらの出方を確認してから、しっぽピーンになってマーキングの儀式に入ります。シッターのバッグや靴、ふくらはぎなどに胴体、額、しっぽのつけ根をこすりつけて、スリスリ、ヌリヌリ。猫好きなら思わず顔がほころぶ瞬間ですが、猫側からすれば「これは自分のもの」というマーキングをしてやったということになります。

凸型にカーブしたしっぽは、身を守りながら攻撃するという入り交じった感情を表現し、斜め走りという動きとなります。子猫同士がじゃれ合うときによく見られます。

しっぽを股の間に巻き込んだ場合は、恐怖、降伏、服従を意味します。短尾うさぎしっぽのチビタ（雄・7歳）がまっすぐ長しっぽのズズ（当時19歳）とケンカをしたときのことを思い出します。普段から強氣のケンカ野郎チビタが、グイグイと老齢のズズを追いつめると、劣勢になったズズはしっぽを股の間に巻き込み、瞳孔は見開き、ヒゲは顔に、耳は頭に張りつき、まるでドラえもんのような猫になりました。からだ全体を収縮させ、身を守りながら、「これ以上攻撃しないで」のアピールで、優勢なほうはこれ以上の攻撃はしないのが猫界の掟《おきて》です。

しっぽの毛が逆立ち、ボンッとふくらんでいる状態は、驚き、威嚇、はったりの感情を表わしています。このとき、背中の毛も恐竜の背骨の隆起のように立ち上がって

しっぽによる感情表現

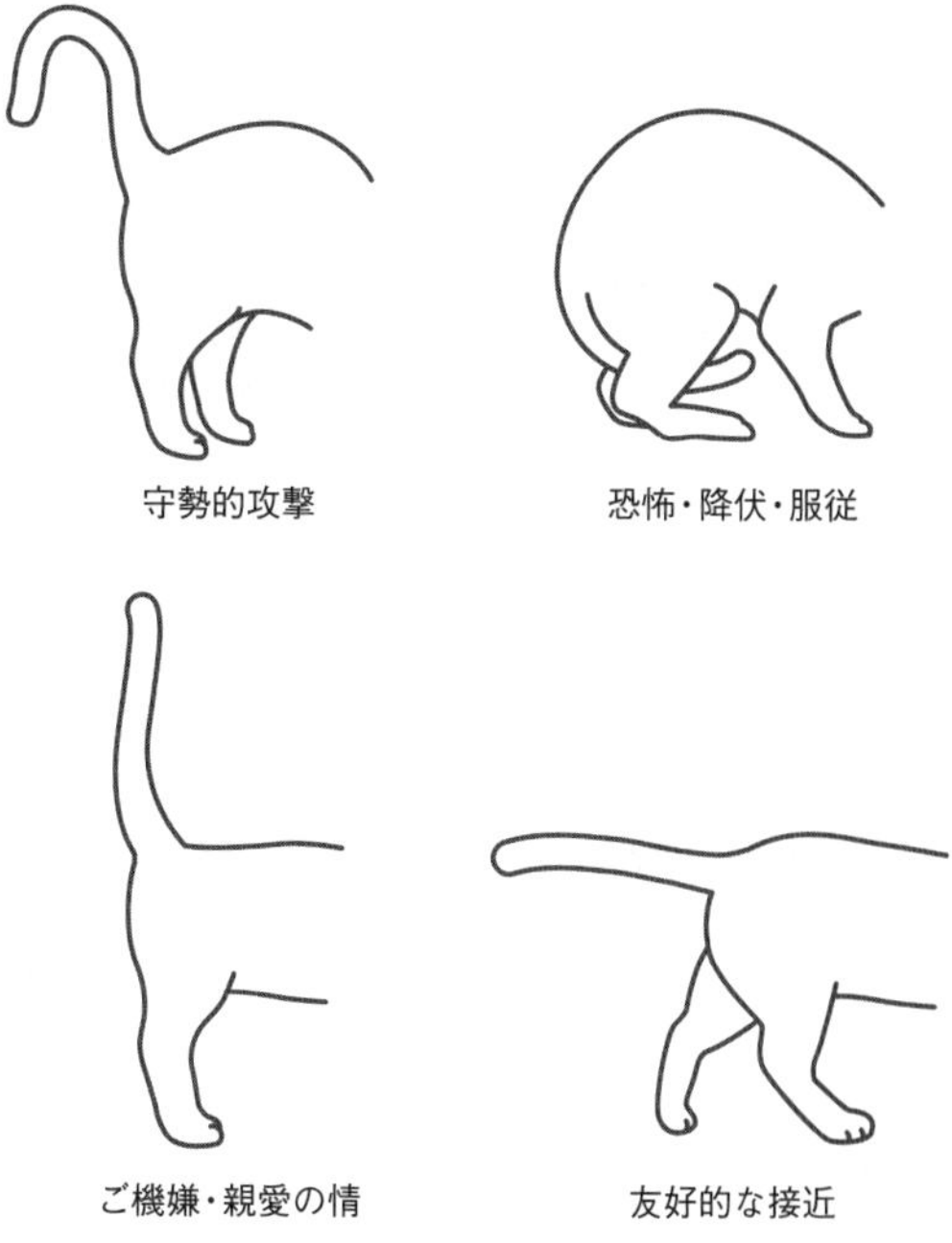
守勢的攻撃
恐怖・降伏・服従
ご機嫌・親愛の情
友好的な接近

います。からだを大きく見せることで、相手に「近寄るな!」のサインを出します。ただし、この場合は警告より懇願に近く、本心は「お願いだから近寄らないで」なのです。こういうとき、無神経に猫に近づこうとすると、思わぬ攻撃を受けることがあります。パニックになった猫は、鋭い鉤爪でひっかく、齧歯類の脊髄を切断する犬歯で噛みつくといった凄まじさを見せます。万が一、そうなっても猫を責められません。なぜなら、猫はちゃんと先にサインを出しているからです。

しっぽを根元から小刻みに振るときは、イライラしている状態です。あまり近寄らないほうがいいでしょう。

名前を呼ぶと、しっぽを左右にゆっくり振って返事をすることもあります。寝ているときに試しに名前を呼ぶと、目を閉じたまま「ちゃんと聞こえてるよ」としっぽで応える猫も案外多いものです。

しっぽを素早くパタパタさせるときは、なにかを狙っていると考えられます。猫の目線の先になにがあるのか、見てみましょう。さらにバタバタ激しく振っている場合は、まさに獲物に飛びかかる寸前です。

しっぽを立て、全体をプルプルさせながら、前脚でミルクトレッドをしている状態は甘えモード全開のときです。スプレー直前のときも似たような動きになりますが、ミルクトレッドはしません。

リズミカルに横振りするときは、まぁまぁの氣分。人であれば、ちょっと余裕があって鼻歌を歌っているような感じだと思います。

座ったまましっぽを左右に揺らすのは、他の猫や子猫を遊びに誘っているときです。

猫とのコミュニケーション

猫は単独で狩りをしていたので、犬のように仲間と連携プレーをする必要がありませんでした。グループのリーダーがいて、リーダーに従って集団行動することもありません。したがって、顔の表情筋が発達することもなかったのでしょう。

猫は無表情でなにを考えているのか分からないといわれることもありますが、これまでお話ししてきたように、表現豊かなボディランゲージで、感情表現を十分補っているといえるでしょう。

猫といっしょにいれば、ある程度のコミュニケーションは自然と身についてくると思います。猫がごはんを要求しているのが分かれば、他の要求も次第に理解できるようになります。

私はシッティングのときも、家にいるときも、猫に話しかけています。

ごはんを準備しながら、

「ちょっと待ってね、もうすぐよ」

出かけるときは、

「行ってきます。すぐ帰ってくるから、お留守番お願いね」

続けていくと、一方通行ではなくなります。

猫との暮らしを特別なことではなく、当たり前にできたらいいなと思います。

猫との交流も毎日の積み重ねがあってこそ、です。

同じ言語を使っていても分かり合えない人間関係はあります。しかし、しっぽのある友だちとは言語を超えてつながることができます。

すべてを知っている必要はありません。猫も人もその時々で変わっていくものだから。

よく見ること。
よく耳を澄ますこと。
よく感じ取ること。
よく自分の感情を味わうこと。

猫と対等になるには、私たちの五感をもっと活性化する必要がありそうです。

第3時限
猫の習性を學ぶ

猫はテリトリーの動物

「猫は家につく」という言葉の意味は、猫は自分のテリトリーを守るということで、人はどうでもいいというわけではありません。猫にとっては、人もテリトリーの中の環境の一部。人の行動や氣分が猫に与える影響は大きいのです。

インドアキャットにとって、自由に行き来できる家の中が自分のテリトリーとなります。猫はテリトリーの中のことはすべて知っていたいし、テリトリーの中で自分が一番でいたい動物です。ですから、テリトリーに見知らぬものが入ってくると警戒します。見知らぬものは人に限らず、動物、植物、物品など、これまでテリトリー内になかったあらゆるものです。

あなたがお買い物をして帰宅すると、猫は買ってきたものを見に近寄ってくるでしょう。まるで関所の番人ですね。しかし、猫にとっては自分のテリトリーを安全に保つための必要不可欠な行動です。

猫にとってキャットシッターも最初は見知らぬ侵入者です。ですから、猫に「シャーッ！」と威嚇されても当然と思って対応します。しかし、匂いづけをされ、入館を許可されれば、その後は顔パスが利くようになります。

「あ、来たの？　入っていいよ」

そんな感じです。もっともそうなるまでの間は、毎回入館時に匂いづけの儀式があり、行動はしっかり監視されています。やがて、猫から、「コイツは俺のテリトリーで悪さはしなそうだ」と思われたら、入館時の匂いづけもなくなります。つまり、そのテリトリーの一部に加えられたということです。

定期的なキャットシッティングの仕事というのはごくまれで、年に数回利用するというお宅が大半です。時には数年ぶりという依頼もあります。そんなとき猫関所の検閲があるかというと、猫が代替わりしていなければ不要です。いったん、入館を許可され、問題（猫にとって不快なことをする）を起こさなければ、再検閲はなし。シッティングのお客様から、

「うちの猫は他の人が来ると絶対出てこないのに、3年ぶりの南里さんには姿を見せるんですね。ちゃんと南里さんのことを覚えているみたい」

と言われることも多いのです。猫の記憶力は時間を超越しているのではないかと思えてきます。

家の外を他の猫が歩き回っているのが見えると、不安になる猫もいます。「猫の森」

の玖磨《くま》（雄・15歳）が、庭にやってきた猫を見て、ガラス戸越しにうなり声を上げました。その後、玖磨にうなられた猫が家の外壁にスプレーをしたらしく、玖磨は扉付近でしきりに匂いを嗅ぎ回りました。そして戸をガリガリひっかいて外に出ようとしましたが、外に出られないと分かると、その場におしっこをしたのでした。

「直接対決はできないけれど、ここはオラの縄張りだ」

外の猫に玖磨のおしっこの匂いが届いたかどうかは疑問ですが、私たちの感知できないレベルでの猫同士のテリトリー争いは存在するようです。

インドアキャットは、外に出られずに可哀想という人もいます。はたしてそうでしょうか？　私は今の日本において、決してそうは思いません。外の自由と引き換えにしても避けたいデメリットを挙げてみましょう。

交通事故、ケンカによる怪我や感染症の危険、ノミがつく、幹線道路を越えてしまって自分の家が分からなくなる（迷子）、虐待されるなど、今の日本はアウトドアキャットにとって、到底安全な環境とはいえません。

また、不妊手術済みの猫は外に出なくても、特に問題はありません。テリトリーが安全快適であれば、彼らは人の良き伴侶として過ごすことに異議は唱えないでしょう。

私たちと猫の歴史は長く、時代によって、それぞれの果たす役割は変わりましたが、お互いのメリットを認め合う関係性は不変だと思います。

よく眠るのは省エネのため

無駄なエネルギーは使わないのが猫の信条で、成猫は1日14～16時間寝ています。子猫や年寄り猫だと睡眠時間はさらに長くなります。猫の睡眠時間を1日14時間とした場合、ノンレム睡眠と呼ばれる深い眠りが3時間、レム睡眠と呼ばれる浅い眠りが11時間という割合になります。ですから、猫は寝ていてもかすかな物音にパッと反応するんですね。

省エネ型の猫は、雨の日には普段よりさらによく眠っています。なぜなら、雨の日は狩りができないからです。現代のインドアキャットは狩りをする必要はありませんが、猫のDNAの中には、今も野性が息づいているのです。

猫は氣温が15度以下になると、体温が逃げるのを防ぐために丸くなって寝ます。しっぽの長い猫は、しっぽをマフラー代わりにからだに巻きつけて防寒します。

暑い夏、猫が万歳ポーズでお腹を見せて寝ていることがあります。この状態を「猫の森」では「へそ天」または「猫の開き」と呼んでいます。無防備にお腹をさらせるのは、その環境が猫にとって安全快適であり、リラックスできていることを意味します。なるべくからだを広げて、体温を放出している状態なのです。

ちなみに猫は目が覚めると、大きく伸びをしてアクビをします。これは意識をはっきりさせるために、大アクビで大量の酸素を脳に取り込んでいるのです。アクビには氣持ちを紛らわせる、あるいは氣持ちを鎮めるなどの効果もあります。猫がアクビをする前後は氣持ちの変化が分かりやすいので、観察してみてください。

爪研ぎは狩猟本能の表われ

動くものに夢中になるのは、猫の中に息づく狩猟本能です。猫は夜行性で、特に明け方と夕方は獲物となる動物を狩りやすい時間帯のため、行動が活発になります。狩猟本能を刺激するのは、カリカリとひっかく音、カサカサと乾いたものがこすれ合う音、子猫の鳴き声またはそれに近い高音域です。

猫の狩猟本能を表わす行動で、最も分かりやすいのが「爪研ぎ」です。猫は元来肉食のハンターなので、狩りはしなくても、武器としての爪を磨いておくことは止められません。猫にとっての爪研ぎの最大の意味は、獲物を獲るイコール生きる、という意思の表われですから、死期を悟った猫は爪研ぎをしません。

他にも爪研ぎの意味はあります。テリトリー内での無用なケンカを避けるために、なるべく高い位置に爪痕を残して、大きさを誇示します。他の猫がそれを見て、「こんなに大きいヤツがいるなら、ここに進出するのは止めておこう」となるわけです。爪痕は視覚によるマーキングで、猫社会ならではのスマートで合理的なやり方ですね。嗅覚的にも、爪の周囲にある臭腺から分泌されるフェロモンで匂いづけがされています。

爪研ぎは大きく伸びをすることでのストレッチ効果もあります。爪研ぎグッズを設置するとき、垂直方向なら床からの高さが1メートルくらいあると、ストレッチと同時に自己顕示欲も満たされます。床に水平に置く場合は、爪研ぎをしているときに動かないように爪研ぎ板を固定すると良いでしょう。市販の安価な段ボール爪研ぎの側面に両面テープを貼り、数枚連結させると、筏《いかだ》のような形のワイド版爪研ぎになります。わが家の猫たちは、これを爪研ぎ以外にベッドとしても使っています。

またストレスを感じたときなどの「転位行動」としての爪研ぎもあります。猫は嫌な思いをした後や、要求が通らないとき、バリバリ、ガリガリと爪研ぎをします。遊んでいる最中に、爪研ぎでひと息入れることもあります。トイレを済ませた後に必ず、水平の爪研ぎをする猫もいます。

と、ここまでは猫本来の爪研ぎの意味とされていることですが、インドアキャットが爪研ぎをする大きな理由は、ズバリ「人の関心を引く」ではないかと私は睨んでいます。というのも、家の中で爪研ぎの被害に遭うのは大抵が目立つ場所だからです。

私の顔を見ながら、これ見よがしに桐のタンスをガリガリする夏子、13歳。張り替えたばかりの障子をバリバリ爪研ぎで穴だらけにし、奮発して買ったパソコンチェアの背は夏子の爪で柳の葉のようなありさまです。

爪研ぎ素材として好まれるのは、爪のひっかかりが良いもの、研いだとき対象物の研ぎカスが出るもの、研ぎ跡がはっきり分かるものなどです。市販の爪研ぎ素材には、段ボール、麻縄、カーペット素材、板などがありますが、どれを使うか、どこで爪を研ぐかは猫の好みやその日の猫の氣分に左右されます。

ただし、一度爪研ぎをされた場所は、匂いづけもされているので当然何度も爪研ぎをされる場所になります。爪研ぎをされたら最後、諦めて猫にそれを進呈するしかありません。爪研ぎの対象にされたくないものは、猫が近寄れない場所に置くのが鉄則です。

アメリカなどではわりと一般的に抜爪《ばっそう》手術も行われているとのことですが、私自身はそこまでするのは人間の勝手が過ぎると思っています。せめて日本では抜爪手術が一般化しないように祈ります。

高所好きは樹上生活の名残

インドアキャットのための快適な環境づくりのポイントは、広さより高低差です。詳しくは第４時限でお話ししますが、猫が高いところを好むのにはわけがあります。

森で単独生活をしながら、獲物を獲っていた頃、彼らは樹上を寝床にしていました。樹上生活のメリットは、外敵、獲物を発見しやすいこと、逃げやすいこと、ノミ、ダニにたかられにくいことなどさまざまです。

現代においても、猫たちは高所に登りたがり、そこから私たちを見下ろして、悦に入った様子を見せます。キャットタワーの一番上は特等席ですし、ロフトや天袋も彼らのお氣に入りの場所です。

猫がすっぽりとからだを収められる形状を好むのは、野生時代に木のほこらで眠っていた名残です。木のほこらは通氣性がよく、暖かく、外敵に狙われないので、最高の寝床でした。今も人のひざの上のくぼみや股の間、脇の下などに好んで座りたがるのは、木のほこらを懐かしむＤＮＡが働いているからだと思います。

日向ぼっことグルーミング

日向ぼっこをしている猫は倖せの象徴そのものです。

猫は日光の力で、被毛の水分を蒸発させて皮膚病予防をし、紫外線を浴びてビタミンＤを生成します。日を浴びているとき毛の間に熱をためておき、日が落ちてからの保温に使います。省エネが信条の猫にとって、日光浴はエネルギー消費が少なく、体温調節にもなるので一石二鳥の行為といえます。

日光をたっぷり浴びた猫のからだは干したお布団のような香りがします。猫はお日様の温もりをため込めるからだを持っているんですね。私の観察では、年の若い猫より年寄り猫のほうが日向ぼっこの時間が長く、たっぷりとお日様を堪能しているように思います。体力が落ちたら、それを補う智慧が働くようになるのかもしれません。

猫はきれい好きで、ほとんど体臭がありません。野生において、体臭があったら獲物に氣づかれてしまいます。インドアキャットであっても、からだが匂うようになったら、体調に不具合ありと考えます。

さて、自分自身で毛繕いすることをセルフグルーミング、猫同士でなめ合うことをアログルーミングといいます。突起のあるザラザラした舌と唾液を使って、フケや抜け毛をなめ取りながら、からだを清潔にし、匂いを消します。舌の刺激が皮膚のマッサージになり血流促進や氣持ちを落ち着かせる効果もあります。

被毛は舌でなでつけられることで、からだに電氣や熱を通しにくくする絶縁体のようになります。また、唾液をからだに広げ、体温を下げる効果もあります。さらに毛の根元にある皮脂腺から出る分泌物を、グルーミングによって被毛に行き渡らせると、これに日光が当たってビタミンＤが生成されます。グルーミングは猫の健康の要《かなめ》ともいえそうです。

ゴロゴロ音がもたらす驚異の恢復力

生まれて初めて猫と暮らし始めた人が、猫のゴロゴロ音を聞いて、病氣かと思い、動物病院に連れていったそうです。ゴロゴロ音も猫によって千差万別、からだに耳を押しつけないと聞き取れないようなかすかなものから、まわりの空氣をビリビリ振動させるほどの大音響のものまであります。

「猫の森」の桃太郎（雄・18歳）は人と目が合うと、盛大なゴロゴロが始まり、あまりにゴォロゴォロ過ぎて、途中でゴホゴホッと咳き込んでしまいます。8キロの巨体の彼はサービス精神が旺盛なのです。

シッティング先のトラ君（雄・9歳）は、滞在中私のひざに乗ったまま、前脚をグーパーグーパーさせて、キュルルー、キュルルーといった不思議な音を出します。ひざで直接トラ君のゴロゴロを感じ取ってみると、ノドを鳴らすというよりは、全身の骨を震わせているように感じます。まさに全身で喜びを表現しているトラ君です。

さて、こうした猫のゴロゴロ音の効用の1つは、骨密度を上げて、からだの恢復を促進させるというものです。大きく低めのゴロゴロ音は痛みに対応しているときに発せられます。猫の発する主な周波数は25～50ヘルツで、これは骨の成長や修復に最適な周波数と同じなのだそうです。それ以外の低周波も、筋肉を恢復させ、急性や慢性的な痛みを緩和させ、傷を癒すという働きがあります。猫は捻挫や骨折をしても、この周波数によって驚異的な速さで腱を恢復させ、関節を可動させてしまうので、私たちが氣づかずにいることもあるほどです。

子猫のゴロゴロ音には、母猫に自分の所在を知らせる、おっぱいの出を良くする、満足していることを伝えるなどの働きがあります。

猫といっしょにいるとリラックスして元氣になるのは、猫のゴロゴロ音によって、私たちの健康が促進されるからでしょう。

私の母は95歳のとき、骨折をして大腿部にボルトを３本埋め込む手術をしました。その後、周囲が驚くほどの恢復力を見せたのは、「家に帰って、モンちゃんとトンちゃんに会いたい」という思いからでした。10年間連れ添ったこの２匹の猫はいつも母といっしょに寝ていましたから、彼らの波動で母の骨も丈夫になっていたのだと思います。そして、母の帰りを待っていた２匹の猫は、退院後片時も離れず母の両脇でゴロゴロ音を奏《かな》でました。まもなく母が杖なしで歩けるようになったのも、彼らのゴロゴロ周波数のおかげに違いありません。

猫のゴロゴロ音には、まわりにいるものの心とからだまで癒してくれるパワーがあるのです。

ゴロゴロ音と同様、猫特有の動作に前脚をフミフミする「ミルクトレッド」があります。

シッティング先のぽおさん（雄・13歳）の前脚が、私のお腹をフミフミします。ゴロゴロ音を発しながらフミフミは続きます。毎回ぽおさんに右、左、右、左とリズミカルにお腹の肉を踏みしだかれていると、こそばゆい氣持ちになってきます。

このフミフミ、モミモミは子猫のとき、お母さんのおっぱいを飲んでいたときの名残です。子猫は母猫の乳首に吸いつくと、ゴロゴロ音を発しながら、お乳のまわりを前脚で踏んで、おっぱいの出を良くしようとします。お母さんといっしょにいる安心感、そしておっぱいをたっぷり飲んだ満足感、このときの状態を思い出すとフミフミ、モミモミ動作が出るのです。

砂漠地帯出身だから水に濡れるのは苦手

猫の祖先は砂漠地帯に生息していたリビアヤマネコのため、水が苦手です。猫の被毛は水を弾かないので、水に濡れると体温を奪われてしまいます。そこで、雨や嵐のときは、からだが濡れないような場所にじっとしています。ですから、もし万が一、猫が脱走して捜索することになっても、雨が降っているとき、猫はどこかに隠れて濡れずにいるのだと考えてください。

例外的に北アメリカのボブキャットのように泳ぐ猫や、インドからジャワにかけて生息するスナドリネコのように水にもぐって魚を獲る猫もいます。しかし、大抵の猫は濡れるのが苦手で、シャンプーされるのを嫌がります。

猫が見せる不思議な行動

猫たちの行動には、なぜこんなことをするのだろう、と首をかしげたくなるものがたくさんあります。その主なものをまとめてみました。

〈トイレハイ〉

「猫の森」の福助（雄・19歳）はトイレを終えると部屋中を猛スピードで走り回ったものでした。彼は普段の歩き方でもテチテチと音を立てていたのですが、トイレの後は高速のテチテチになるのです。目がつり上がって、耳は伏せられ、顔はかなり真剣な表情です。彼は晩年になってから便秘氣味で、排便にも時間がかかっていましたから、高速テチテチは排泄できた喜びと脱糞の快感の両方だったのだろうと思います。

野生においても、排泄時は無防備にならざるを得ないので、このとき敵に襲われたら大変です。無事に排泄ができたら、それこそ「ヤッター！」ではないでしょうか。それが現代ではトイレ後のダッシュ、トイレハイになるのかもしれません。

トイレの前にダッシュで勢いをつける猫もいます。氣合いを入れて、トイレに行くわけです。ドライフードを主食にしている猫の便は乾燥してコロコロしています。中にはカチンカチンの硬いうんちもあり、排便時にはかなり力が要ると想像できます。つまりトイレ前のダッシュは、そうする必要があってのことだと思います。

〈香箱《こうばこ》座り〉

猫が前脚を胸の下にたくし込んで座っている状態を香箱座りといいます。猫はこの体勢からアクションを起こしにくいので、香箱座りは安心しているときの姿勢です。猫があなたの前で香箱座りをしたら、リラックスしているサインです。

〈奇妙な声を出す〉

窓の外の鳥を見て、歯をカチカチ鳴らしたり、「ウカカカカ」という奇妙な声を出している猫を見たことがありませんか。そのときの猫は、すぐそこに獲物がいるのに獲れない状態なのです。「あぁ、窓がなければ獲れるのになぁ、くー、無念」と思っている可能性があります。あるいは、頭の中で「アイツを獲って嚙み殺すのだ、こんなふうに、こんなふうに……」と妄想して、歯をカチカチ鳴らすのかもしれません。

〈人の邪魔をする〉

私の寝る前の読書は毎晩猫たちに邪魔されます。うつ伏せになって、本を広げた途端、本の真ん中に澄ました顔で香箱座りをするモン。彼女を押しのけることはできません。横向きで本を読んでいると、華が本の表紙をザリザリとなめ始めます。本をなめるのが仕事のように、ひたすらザリザリ、ザリザリとなめ続けるので、とても本は読めません。仰向けで本を読んでいると、夏子が胸の上で香箱を作ります。そして、ゴロゴロとノドを鳴らしながら、じっと私を見つめるのです。それを無視して読書を続けるなんて、とても無理な相談です。

新聞やキーボードにも乗ってきます。彼らは邪魔をしているつもりはなく、「こんなものより、私を見て、見て！」とアピールしているのです。テリトリーの中で常に一番の存在でありたい猫は、人間の関心が自分以外に向けられるのが我慢ならないのです。そのくせ、いざかまわれると、プイとどこかに行ってしまうようなところもあります。まぁ、猫好きにはこの氣まぐれさも堪らない魅力なのですけれど。

〈お土産サプライズ〉

東京郊外にある一軒家にシッティングに通っていたときのことです。周辺は近くに山が迫っている自然豊かな環境でした。ご家族の留守中もミィちゃん(雌・5歳)は玄関ドアの下方に取りつけた猫用ドアを使って、家と外を自由に行き来していました。ある日、私が行くと、その玄関前に山鳩の死骸がありました。ハッとしている私に、ミィちゃんがやってきて「新鮮だから早く食べなさい」と言います(言われたように感じたのです)。私は「シッター料金をいただいているので、ごちそうのお氣遣いはけっこうです」と丁寧に辞退し、ドキドキしながら、鳩のお墓を作って埋めました。しかし、翌日も同じように鳩が置いてあったのです。

サプライズはこの2回で終わりましたが、ミィちゃんの得意そうな表情は今も記憶に残っています。ちなみに私の知っている名ハンターはほとんど雌猫です。獲物をプレゼントしてくれる心理は、狩りのできない未熟なものに獲物を与える母性という説もあります。獲物を獲ったことを自慢する猫もいるでしょう。いずれにしても猫たちから仲間として認められた証拠と思っていいでしょう。

猫から鳥や蛇をプレゼントされると、私たちは「ぎゃっ!」と驚きます。しかし、猫たちだって、人からされて「ぎゃっ！」と驚くことがあるでしょうね。例えば、よかれと思ってやっているワクチン接種とか、ドライブに連れていくとか……。お互いにいろんな心の掛け違いはあって当然。でも、猫の習性を學ぶことによって猫と人が少しずつでも、歩み寄れたらいいですね。

〈マウンティング〉

不妊手術済みの雄猫同士、ズズ（当時21歳）とミン（21歳）は晩年になるまでマウンティングごっこをしていました。いつもズズがふいにミンの首筋に噛みついて、マウンティングをします。そのうちミンがうなり始めて、「いい加減にしてよっ！（なぜかオネエ言葉のイメージ）」とズズにパンチを繰り出すというパターンでした。その後、ズズは股間をペロペロなめることもあり、ちゃんとその氣があるようなのでした。

ずっと雄同士でマウンティングごっこをしていると、夫婦のようになるらしく、ミンは動作も表情も女子っぽくなりました。獣医さんもミンを見て、雌猫と思ったくらいに雌化したのです。

疑似マウンティングは性的遊びの一種で、狭い空間の中で仲間に優位性を示す意味もあります。性欲もまた生きるパワーの1つで、完全に抑え込むことはできません。

雄猫同士の他、雌猫や人の腕や脚にマウントすることもあります。インドアキャットのストレス発散という部分もあるので、心配せずに見守りましょう。

〈吸いつき〉

離乳したにもかかわらず、自分のしっぽや外陰部などをチューチュー吸い続けることを「吸いつき」といいます。吸う対象は、この他に人の耳たぶ、毛布、ヌイグルミ、衣類などです。大抵は自然消滅するようですが、一生続く場合もあります。

この中でも羊毛に異様に吸いつき、食べてしまうことを「ウールサッキング」といいます。

「猫の森」スタッフの家の猫ラテ（雄・1歳）はセーター、Tシャツ、毛布、なんでも食べてしまうウールサッキング猫でした。さいわい食べてもちゃんと排泄される体質だったので、ラテに食べてもいいウールのひざ掛けを与えました。そうしたところ、彼は半年かけて、1メートル四方のひざ掛けを食べ尽くしたのです。ウールを噛むことには歯磨き効果があるようで、ラテの歯はいつも真っ白でした。そして、異常なほどの大食いでしたが、いくら食べてもからだはスリムで理想的な体型でした。

彼のあだ名は「かまってちゃん」、甘えん坊で、いつも注目されていたいタイプです。氣が小さいくせにやきもちやきで、テリトリー意識も強く、おしっことは別に、家のいたるところにスプレーをするのも日常茶飯事でした。ラテはなかなか強烈な個性の猫といえますが、同じような氣質、行動の猫は案外いるものです。あらかじめ猫の氣質や傾向を知っておくことは、倖せな共同生活のために必要でしょう。

ウールサッキングの対処法としては、吸いつく対象を隠すこと、満足する食事、たっぷり遊んでストレスを発散させることが最良だと思います。

〈**腰パン**〉

「猫の森」のちぃちぃ（雄・8歳）はしっぽのつけ根あたりを、手のひらでパンパン叩かれるのが大好きです。腰をパンパンするから「腰パン」で、ちぃちぃは腰パン王子。東京事務所で「猫の學校」のセミナーを受講する方は、まず名ホストちぃちぃのひざ乗りに迎えられます。そして、ちぃちぃはひざに乗ったまま生徒さんに、

「ねぇ、腰パンしてよ」

と要求します。恐る恐る手のひらをちぃちぃの腰に当てて、トントンする生徒さん。

「違う、もっと強く！」

ちぃちぃは生徒さんにアイコンタクトでさらなる要求をします。

「えぇー、もっとですか？」

と不安そうな生徒さん。

「ちぃちぃはかなり強めの腰パンに慣れているので大丈夫ですよ」

スタッフの指導を受けて、腰パン修業に励む生徒さん。目を閉じて、腰パンをさせるちぃちぃ、という図は講義の間もずっと続きます。

この腰パンも性行動の一種です。マウンティングごっこをする猫は腰パンも好きな傾向があります。どうやら、しっぽのつけ根あたりの刺激が快感になっているようです。

猫嫌いな人が猫に好かれるわけ

猫は、積極的に働きかけてくる人より、自分の要求に応対してくれる人を好みます。猫嫌いの人が猫から好かれるのは、猫嫌いの人は自分から猫に近寄っていかないからです。

シッティングの打ち合わせで、お客様が隠れている猫を引きずり出してきて、無理やり私に抱っこさせようとすることがあります。

「ほら、シッターさんに抱っこしてもらいなさい」

猫は明らかに嫌がっているのです。私は、

「猫さんには私の声を聞いていてもらいましょう」

と提案します。それで十分なのです。

猫が嫌がることをしないこと。猫に嫌われる人は、余計なことをしていると思ってください。猫とのつき合いの基本は引き算です。やらなくてもいいことはやらない。省エネの猫と同じように、やりたくないことはやらないようになれたら、猫に一目置かれる人になれるかもしれません。

猫との接触は、なるべく静かにゆっくりとした動作で、猫に関心など持っていないかのように振る舞います。話しかけたり、からだに触るときは、そっと優しく、手は下方から猫の口元付近に差し出します。

猫は強制されることを嫌います。強く叱ったり、怒鳴ったり、押さえつけるのは悪影響しか及ぼしません。猫は自分の意思でしか行動を起こさないと肝に銘じてください。

爪研ぎの項で述べたように、猫と暮らす人は、例えばパソコンチェアで爪研ぎをされたら、そのパソコンチェアを猫に進呈するくらいの度量が求められます。猫と暮らすということは、猫に人としての度量を試されるということに他なりません。

人を試す天才である猫は、あなたに次々と難しい課題を出してきます。洗濯仕立てのシーツをきれいにベッドメーキングした途端、その上で毛玉を吐くとか、出張の朝、膀胱炎になるとか、来客のあった翌日から自分のトイレ以外でおしっこをするとか、猫からの課題は容赦がありません。どっしりかまえて、なにが起こっても、慌てず騒がず、どーんと受け止められるようにしましょう。

猫とのつき合いは、ある意味パワーゲームです。猫は待ち伏せ型のハンターであることを忘れないでください。そして、猫の習性をよく理解できれば、あなたが猫とのゲームでアドバンテージを取ることも夢ではありません。

自分が猫になったつもりで行動してみるのも、いい方法です。猫を擬人化する、自分を擬猫化する、この2つの視点を自在に使えるようになると、猫の氣持ちに近づけます。自分を擬猫化できたら、前述のように猫を初対面の人に無理やり抱っこさせるなんてことはやらないと思います。

シッティング先で、私がこの家の猫だったらと考えます。

窓がもっと広いといいなぁ。

1人だと退屈だから、年上の温厚なおじさま猫か、大人で賢いオンナ猫さんが仲間になったらいいな。子猫はうるさいから嫌。

トイレの容器が臭うから、そろそろ買い替えてくれないかしら。

後から後から、妄想がふくらみます。そして、いろんなアイデアが湧いてきます。

猫という動物の本能的行為は、「止めさせるより発散させる」ようにすると無理がないと思います。

猫という動物との関係性を作るには、まず彼らのことを知り、次に彼らの視点で物事を考えること。この2点を忘れないようにしましょう。

第4時限

猫の生活を學ぶ

インドアキャットの楽しみは目の前のごはん

野生のネコ科動物の写真を見ると、引き締まったからだで顔つきも精悍《せいかん》です。野生に生きることは獲物を獲ることと直結しています。

一方、インドアキャットは狩りをする必要はありません。しかし、インドアキャットにとっても、最大の楽しみは食事です。

シッティングの現場を見ると、猫の体型を判断する基準「ボディコンディションスコア（BCS）」の理想体型よりやや太めの猫が多いのが現実です。BCSの理想体型とは「肋骨はわずかな脂肪に覆われ触ることができ、骨格はなだらかな隆起を感じられ、体型は腹部がごく薄い脂肪に覆われ、腰に適度なくびれがある」というものです。あなたの猫は、腰にくびれがありますか？

「猫の森」のシッティングサービスは1日1回の訪問を基本としています。初めてシッティングをご利用になるお客様からは、「食事が朝晩2回なので、1日2回訪問してもらえますか」という依頼をされることがあります。お断わりはしませんが、正直なところ、1日1回の訪問でなんら問題はありません。1日2回の食事は人間が決めたルールであって、野生の猫が毎日朝晩2回、決まった時間に食事をするなんてことはありえないからです。

前述のBCSは5段階で、レベル1は痩せ過ぎ、レベル2は痩せ氣味、レベル3は理想体重、レベル4は太り氣味、レベル5は太り過ぎとなっています。インドアキャットに多く見られるのがレベル4の太り氣味体型。このレベルの猫は、水さえあれば1週間から10日間はなにも食べずに過ごせます。ですから、留守番の間、1日1回の食事でも平氣なのです。こうしたことをふまえて、猫の食の特性を考えてみましょう。

だらだら、ちょこちょこ食べる猫の食事

まず最初に挙げられる特性は「だらだら食べる」ということです。猫は一氣食いする犬と違って、ちょこちょこ食べる傾向があります。少し食べて、どこかに行き、しばらくしてまた食べるといった食べ方です。ただし、食べ残しを出しっ放しにしておくと、フードの酸化が進みますから、出しておく時間を決めて、時間になったら引き上げるようにすると良いでしょう。

次の特性は、猫は肉食動物「フレッシュ・イーター」だということ。食べ物の好みにうるさく、古くなったものは食べないといった傾向がありますから、フレッシュ・

イーターのフレッシュを、fresh「新鮮な」と解釈しても決して間違いではないと思います。元来の意味は flesh「動物の生きた肉」のことで、つまり狩りたての獲物の肉と考えれば良いでしょう。

狩ったばかりの獲物の肉は当然新鮮です。そしてついさっきまで生きていたのですから体温が残っています。ですから、猫は冷蔵庫から出したばかりの冷たい食べ物は食べないのです。

また肉食といっても肉だけを食べるのではなく、獲物の内臓も食べるので、消化器の中にある植物、脂肪、ビタミン、ミネラルも摂ることになりますし、血液中にある塩分も摂取します。ネズミ1匹で必要な栄養素のすべてをまかなえるわけです。猫にとって獲ったばかりのネズミはまさに総合栄養食といえるでしょう。

猫は開封したばかりのドライフードやウエットフードはよく食べますが、時間がたったフードには見向きもしません。市販のキャットフードは食べ切りサイズや少量パックのものを選ぶようにしましょう。

ウエットとドライ、どちらを選ぶ？

40年ほど前まで、猫の食事は、冷や飯にかつお節や煮干しをのせ、そこに味噌汁をかけたような猫まんまが主流でした。もっともその当時の猫は外で獲物を獲って、必要な栄養を補っていたとも考えられます。やがて、市場にペットフードが出回るようになります。

以前、猫缶（猫用ウエットフード）の工場を見学したことがあります。その会社は人間用のツナ缶を作る際に余ってしまう赤身の部分を使って、ペットフードを作り始めたそうで、最初の缶詰のパッケージには犬と猫のイラストが描かれ、「犬猫用」と明記されていました。現在は猫専用となり、老猫用なども出しています。

キャットフード市場は年々急成長しており、フードの内容も多種多様です。以前はライフステージ別に「子猫・成猫・老猫用」の3タイプだったのが、最近では年齢別のものも出てきました。さらに体質、氣質別など、より細分化した商品も販売されていますし、病氣に対応した療法食も年々種類が増えています。保存料や酸化防止剤が入っておらず、人間が食べても安全な質の高い原料で製造された海外のプレミアムフードも、インターネットで簡単に購入できるようになりました。

キャットフードはあまりに種類があり過ぎて、どれを選んだらいいか分からないという人も多いのではないでしょうか。

市販のキャットフードは大きく分けて、ドライフードとウエットフードの2種類があり、それぞれ、メリットとデメリットがあります（表4）。

ドライフードは粉末状の原材料を配合し、ビタミンやミネラルなどの栄養成分を加え、高い圧力と高温で加熱したものです。ドライフードが「カリカリ」と呼ばれるのは、乾燥したイメージがあるせいですが、実際には水分を10％ほど含んでいます。水分があると酸化して傷みやすいので、開封したら密閉容器で保存するようにしましょう。

人サイドからすると、ドライフードは手軽に食事の用意ができ、比較的安価で入手しやすいというメリットがあります。猫にとっては、ドライフードだけの食事だと、水分不足になりがちなので、いっしょに水を飲むようにする工夫が必要です。

ウエットフードの成分は80〜90％は水分です。高タンパク質、高脂肪、低炭水化物で、フレーク状、パテ状、ゼリー状、スープ状など形状の種類も多く、子猫から老猫まで幅広く好まれるタイプの食事です。

表4●キャットフードの種類別メリット・デメリット

	メリット	デメリット
ドライフード	・少量で必要カロリーが摂れる ・開封後の保存期間が長い ・コストが安い	・水分不足になりがち ・炭水化物の含有量が多い ・酸化しやすい
ウエットフード	・水分含有量が多い ・嗜好性が高い ・高タンパク質、高脂肪、低炭水化物 ・長期保存が可能 ・1食分ずつ開封可能	・開封後の保存期間が短い ・コストが高い ・必要カロリーをウエットフードだけで補うには量が必要

本来猫は肉食ですが、日本のウエットフードは魚が主流です。これは日本が島国で昔から肉より魚を食べる習慣が根づいており、猫も人の食生活の影響を受けているからです。ほとんどの日本人は「猫は魚が好き」と思っていますし、実際魚好きの猫が多いのも事実です。

猫の食事を市販のウエットフードのみとする場合、ドライフードよりも量が必要となります。開封後の賞味期間、保存期間ともに短く、毎回レトルトパックや缶のゴミが出るのは、人にとってのデメリットです。

こうしたメリット、デメリットを知った上で、ドライフードとウエットフードを使い分けるようにしましょう。

ドライフードの選び方

次に、それぞれのフードをどういう基準で選べばいいのか。まずドライフードから見ていきましょう。猫用ドライフードのラベルにはよく「AAFCO基準に適合」とか「総合栄養食」という記載があります。AAFCOとは、ペットフードの成分分析を行って基準値を公開している「全米飼料検査官協会」の略称です。実は日本には国が定めたペットフードの基準がありません。そのため国産でもペットフードの基準はＡＡＦＣＯに倣っています。

総合栄養食とは、日本の「ペットフード公正取引協議会」が定めたもので、猫の主食として、そのフードと水だけで健康を維持できるような栄養的にバランスの取れた製品をいいます。なお、総合栄養食の栄養基準には、ＡＡＦＣＯの基準が採用されています。

ただし、ＡＡＦＣＯは個々のメーカーの製品に対して認定や承認をする機関ではないので、ペットフードのパッケージに「ＡＡＦＣＯ認定」「ＡＡＦＣＯ承認」「ＡＡＦＣＯ合格」というような表記があったら、クエスチョンです。

現在、「猫の森」の猫たちが食べている猫用ドライフード「ホリスティックブレンド」（以下ＨＢと略）はカナダ産プレミアムフードで、ラベルには「ＡＡＦＣＯキャットフード栄養素プロフィールズに定められた栄養基準を満たしています」と書かれています。

ＨＢのカタログには「ＡＡＦＣＯの基準では、動物由来成分や、許容範囲を超える量の水銀や鉛などの化学薬品が含まれる可能性がある食肉処理場廃棄物の使用が許されています」と書かれ、ＡＡＦＣＯの基準はあくまでキャットフードの最低限を定めているに過ぎないことも明記されています。その上でＨＢはＡＡＦＣＯの基準を上回る安全基準を設定しており、その基準値も記載されています。「猫の森」がＨＢを選んでいるのは、こうした表記から作り手の真摯《しんし》な姿勢が感じられ、信頼できるメーカーと思えるからです。

さて、カタログの引用文にあった「食肉処理場廃棄物」とは、レンダリングされた原料をいいます。レンダリングとは人が食べることができない部位から、肉骨粉や動物性脂肪を製造する工程を指します。

また、ラベルに「肉類・魚類」などの曖昧《あいまい》な表現がされていたら、４Ｄミートが使われている可能性が高いと考えられます。４Ｄミートとは、Ｄで始まる状態の動物の肉のことです。DEAD（すでに死んでいた動物の肉）、DISEASED（病氣だった動物の肉）、DYING（死にかけだった動物の肉）、DISABLED（障害のあった動物の肉）の４つです。

値段が10倍違って、どちらも安全？

20年以上前、国産メーカーのドライフード工場見学をしたことがあります。工場内には悪臭が漂い、私は頭痛と吐氣で、一刻も早くこの場を立ち去りたいと思いました。当時はまだペットフード公正取引協議会の規制もなく、前述の4Dミートや、人の食品基準から外れた産業廃棄物が普通にペットフードの原材料になっていたのです。

その後、日本でもペットフードに関する規制ができたものの、今も安価なキャットフードが販売されているのはなぜなのか？　このことはよく考えなければならないと思います。

インターネットで調べたところ、最安値のドライフードは総合栄養食表示がされた国産の製品Mで、1キロあたり203円でした。HBの製品価格は平均すると1キロあたり2819円で、最安値の10倍以上の値段です。

1キロのドライフードは、おおよそ体重5キロの猫の10日間分です。朝晩2回として1回あたりの食費は、Mの場合、わずか10円ということになります。

また総合栄養食表示があるということは、AAFCOの基準もクリアしているはずですが、値段が10倍も違うMとHBを、どちらも同じように安全なキャットフードと考えていいのでしょうか？

MとHBの原材料についての記載を比較してみましょう（表5）。キャットフードの原材料は、含有量が多い順に記載されます。

Mの成分は穀類が一番多いのですが、これまで何度も述べたように猫は肉食で、穀類の消化は苦手です。さらに猫のアレルギーの原因の代表格であるトウモロコシ、小麦が入っています。一方のHBでは穀物の量はごくわずかです。Mの肉類（チキンミール、牛肉粉、豚肉粉）はレンダリングや4Dミートを使っている可能性もあると考えられます。HBは、非常に具体的な材料が書かれています。人工着色料、酸化防止剤を使っているMに対して、HBはそうしたものを一切使っていません。

このように、ドライフードのラベルを読むだけでも多くの情報が得られます。

選ぶポイントとしては、「炭水化物の含有量が少ない」「原材料が明確に記載されている」「人工防腐剤、人工着色料を使用していない」などが挙げられますが、なにより大事なのは、そこに表われたメーカーの製品作りに対する姿勢だと私は思います。ぜひ、それをしっかり読み取って、フードを選ぶようにしましょう。

表5●キャットフードの原材料比較

Mの原材料	HBの原材料
穀類(トウモロコシ、コーングルテンミール、小麦粉、パン粉)、肉類(チキンミール、牛肉粉、豚肉粉)、油脂類(動物性油脂、植物性油脂、γ-リノレン酸)、魚介類(フィッシュパウダー、カツオエキス、マグロエキス、小魚粉末、シラスパウダー)、脱脂大豆、オリゴ糖、ハーブ(タイム、ディル、フェンネル)、野菜類(トマト、ニンジン、ホウレンソウ)、クランベリーパウダー、ミネラル類(カルシウム、リン、カリウム、ナトリウム、クロライド、銅、亜鉛、ヨウ素)、pH調整剤、酵母細胞壁、アミノ酸類(タウリン、トリプトファン、メチオニン)、ビタミン類(A、B1、B2、B6、B12、D、E、K、ニコチン酸、パントテン酸、葉酸、コリン)、着色料(二酸化チタン、食用赤色102号、食用黄色5号、食用青色1号)、酸化防止剤(ミックストコフェロール、ローズマリー抽出物)、グルコサミン、コンドロイチン	新鮮な魚(太平洋タラ、シタビラメ、カレイとワイルドサーモン)、乾燥ニシンひき割り、ひよこ豆、レンズ豆、亜麻仁、サーモンオイル、乾燥卵、ニンジン、ブロッコリー、ブルーベリー、カボチャ、黄色のエンドウ豆、リンゴ、バナナ、クランベリー、ほうれん草、自然魚の香料、太平洋タラのレバー、チアシード、ローズマリー粉末、ウコン粉末、パプリカ、タイム、シナモン、セイロン粉末、アカディア昆布、モエギイガイ、パセリ粉 〔ビタミン・ミネラル〕塩化コリン、炭酸カルシウム、ヨウ素、セレン酸ナトリウム、硫酸銅銅タンパク化合物、硫酸第一鉄、鉄タンパク化合物、マンガンタンパク化合マンガン、硫酸亜鉛、亜鉛タンパク化合、ビタミンサプリメント、ビタミンD3サプリメント、ビタミンEサプリメント、ビタミンK、チアミン硝酸塩、リボフラビン、パントテン酸カルシウム、ナイアシンアミド、塩酸ピリドキシン、ビオチン、ビタミンB12サプリメント、葉酸

ウエットフードの選び方

次にウエットフードの選び方を見ていきましょう。

ペットフード公正取引協議会の規定では、ウエットフードは「その他の目的食」に分類されます。「その他の目的食」というのは、特定の栄養を調整したりカロリーを補給する目的で与える食事のことで、「一般食（おかずタイプ）」「栄養補完食」「カロリー補完食」などと表示されています。つまり、ウエットフードはあくまでも補助食、それだけを与えていると猫は栄養不足に陥ってしまうということです。

「猫の森」では、栄養バランスの良いドライフードを主食、嗜好性の高いウエットフードをおかずと位置づけて、猫たちの食事が片寄らないようにしています。

ウエットフードの選び方としては、国産であること、食べ切りサイズであることが条件です。なぜ国産かというと、とてもシンプルな理由で、日本では水道の水を飲めますが、海外で水道の水を飲める国はごくわずかだからです。

猫缶の工場見学をした際、びっくりしたのは、缶詰に水を大量に入れていることでした。もちろん単なる水でなく、さまざまなエキスを含んだものなのですが、その他魚の部位を洗うのにも水が使用されます。水の安全が保証されていない国で作られた猫缶を、全面的に信用するのは困難というものです。

食べ切りサイズに関しては、いったん開封したウエットフードは腐敗が早く進むこと、猫は開封したてが好きという理由からです。

その他、派手なコマーシャルをしていないこと、ドラッグストアで安売りをしていないことも私が市販のキャットフードを選ぶポイントです。人の食と同様、広告宣伝費にお金をかけることと、食の安全性とはまったく別物ですし、知名度が高い商品がいいものとは限りません。ドライフード同様、メーカーがどのような姿勢で作っているのかを積極的に知ることも大事なポイントだと思います。

キャットフードの購入は、1ヶ月で食べ切る量を目安にします。保存は日の当たらない涼しい場所に保存し、ウエットはなるべくその日のうちに食べ切るようにし、開封したドライフードの残りは密閉容器に乾燥剤とともに入れておきます。

「手作りごはん」という選択

猫の食事は、市販のペットフードでなくてはいけないわけではありません。手作りごはんという選択肢もあります。

市販のキャットフードは、いわばインスタント食品。保存しやすく、調理する手間が要らないなどのメリットがありますが、デメリットとして生命エネルギーがない、加工食品なので酵素がない、原料が安全かどうか分からない、添加物が含まれているものが多いことなどが挙げられます。

こうしたマイナス要素は、猫の健康に直接関わるものがほとんどです。近年、フードアレルギーなどの問題も浮上しており、猫の手作りごはんへの関心も高まってきました。猫のからだも人のからだも、食べるものによって作られています。食に関心を持ち、猫と人が同じ素材のものを美味しくいただくことができれば、それが理想だと思います。

猫は食べ物に保守的で、好みがはっきりしているため、市販フードから手作りごはんへの移行は時間をかけて、氣長にやることが最も大事です。

旬の食材を使って、生命エネルギーのある食事を作るのはとても楽しいことです。私は時々、旬の魚をグリルで焼いて、猫たちのごはんにします。新鮮で美味しそうな食材が手に入ったときは、猫たちといっしょにいただきます。基本の食事は市販のドライフードとウエットフードに頼っていますが、たまの簡単手作りごはんは猫たちも夢中で食べてくれます。

猫の手作りごはんは最初からあまり意氣込まないことがポイントです。食べてくれなかったら、調理法を変えていろいろ試して、猫の食の傾向を探ります。加熱の仕方や入手先を変える、いろいろな種類の食材を試す、好物を混ぜるなど工夫していると、自然と視野が広がっていきます。

手作りごはんは繰り返すこと、諦めないで続けることが肝心です。

猫が手作りごはんを食べるようになると、さまざまな変化があります。まず、食材を自分で選べるので安心ですし、人と猫が同じ食材を食べる倖せを感じることができます。猫は目をキラキラさせてごはんを待つようになり、排泄に力が要らない良いうんちをするようになります。食べたら出す、これは良く生きるための基本です。

食事の場所と水飲み場

食事場所は猫トイレから離れた場所に設置しましょう。食べる場所とトイレが近いのが嫌なのは、猫も人も同じです。水場の近くだと食事の準備・片づけがしやすく、なにかと便利です。

「猫の森」では、高さ9センチの食事台を設置しています。この食事台を使うと、猫が床までかがまずに食べられ、床からの埃も入りにくいので、衛生的です。

食器は陶器かステンレス製で、猫のヒゲが当たらない大きさ、食べているときに動かない安定感と重量感、フードがこぼれにくい深さ、形状であることが望ましいです。

プラスチック製の食器は軽いので、猫が食べているときに動いてしまったり、簡単にひっくり返ってしまいます。また、プラスチック製を使っている猫に「座そう」といって、アゴの下にニキビのような黒いボツボツができることがあります。プラスチック容器は表面に目に見えない小さい穴が開いていて、バクテリアが繁殖しやすく、食事のときにこのバクテリアが付着することが座そうの原因にもなっています。シッティング先で、座そうの猫の食器を陶器製に替えたところ、座そうはすっかり治りました。その他、食器を洗わない不衛生な食事環境なども座そうの原因になりますので、ご注意ください。

食べ残しは捨てて、食器は毎回洗いましょう。ドライフードの継ぎ足しは、酸化したものと、新鮮なものを混ぜることになりますから、止めましょう。

また継ぎ足しをすると、1日の食事量がどのくらいか、分からなくなってしまいます。１日の食事量を把握しておくことは、健康管理に欠かせません。計量カップなどで、その猫の適量を量ってください。ただし、食べる量は季節や年齢、その日の氣分によっても変化します。

食事の回数は、成猫であれば1日2回、8時間以上間を置くようにします。

猫にとって水は生命維持に不可欠なものです。常に新鮮で清潔な水を飲めるように、家の中に最低でも２ヶ所以上の水飲み場を設けましょう。１ヶ所だけだと、なにかの拍子に容器が倒れたりして、水がなくなってしまう危険があります。水の容器は置き場所を離して、２ヶ所以上あったほうが安心です。

「猫の森」では食事スペースに水を置いていません。長年観察して、猫はフードの横の水より、それ以外の場所の水を飲む確率が高いことが分かったからです。お日様がよく当たる場所、観葉植物の陰、テーブルの上などに、さまざまの高さや大きさの水飲み場を作って、好きな場所でたっぷり新鮮な水を飲めるようにしています。意外にも高さ20センチくらいの水飲み場が人氣で、入れ替わり立ち替わり、猫たちが水を飲みにやってきます。

猫の食事で一番大切なこと

インドアキャットにとっては、私たちの用意する食事が命綱です。彼らには選択の余地がありません。だからこそ私たちの選ぶ目が重要になります。誠実なメーカーの作る栄養バランスの良い食事は、多少値が張っても医療費にお金を使うよりはずっと経済的です。手作りごはんは時間と手間がかかりますが、習慣にしてしまえば、こんなに安全で安心でき、なおかつ愛情のこもった食事は他にはありません。

猫の食事で大切なことは、空腹の時間を設けることです。例えば常にドライフードを食べられる環境というのは、肥満の要因にもなります。一定時間経ったら、食器を下げるようにしましょう。

猫それぞれに食の傾向があります。日頃から猫の食の好みを知るように心がけてください。例えば、「猫の森」のちぃちぃは焼き魚に目がありませんが、お刺身にはあまり興味がありません。福助は焼き海苔やおせんべいといった乾きもの系が好き、わこ（雌・9歳）はヨーグルトなどの乳製品を出すと駆け寄ってくる、などの違いがあります。食欲がなくなったとき、こうした好物が食欲を喚起するきっかけになることもあります。

私の小さい頃、猫は人の食卓に上る食べ物のおこぼれを貰っていました。市販のキャットフードが登場し、いつしか「人の食べるものは猫には毒だから絶対に食べさせてはいけない」といったことが世間一般の常識になりました。栄養学的にはそれが正しいかもしれませんが、猫が盗み食いしてまで食べたいものを食べるというのが、生きている真実だと思うのです。からだは頭よりも賢い。食べるというのは理屈ではありません。

私がなにか食べているとき、猫たちが寄ってきて欲しがったら、

「少しだけ、食べてみますか」

と食べ物をとり分けて、猫に差し出します。猫がそれを食べて、もっと欲しそうであれば、「この猫はこの食べ物が好き」と猫の好物を覚えておくようにします。食べることは私にとっても猫にとっても喜びです。だから、その喜びを共有できることが嬉しいのです。

どの食べ物が良いとか悪いとかいうことよりも、合うか合わないかということのほうが重要です。ある人には薬になるものも、他の人には毒になる場合もある。同じ人にでも、合うときと合わないときがある。これは猫にも当てはまります。

シッティングの現場では、一般には猫に良くないといわれるものを主食にしている猫もいます。例えば、鮭のあらほぐしの瓶詰めとか、かまぼことか。ここでも十猫十色です。

22歳まで長生きしてくれたズズの好物は、カマンベールチーズ、スモークサーモン、プリン、サンマの丸干しなどでした。ズズとの時間が残り少ないと分かったとき、私はズズと話し合い、強制給餌《きゅうじ》や皮下点滴で延命するより、好きなものを好きなだけ食べることを選択したのです。

若い成猫の頃から、あなたの猫の好物を探っておきましょう。その猫が「食べたい」と思うものが生きる力になるのです。

安全快適、猫が絵になる住まい

インドアキャットのテリトリーはすなわちあなたの住まいです。住まいは猫と人のバランスで変化する空間。猫のテリトリーも、あなたの住まいも両方とも快適であるようにしたいものです。

私はこれまで12ヶ所の住まいに住んできました。実家を除くと、賃貸が5ヶ所、持ち家が６ヶ所。リフォームは６回行い、猫といっしょの引っ越しは７回経験しました。

さらにシッティングで訪問したお宅は１６００軒以上。猫と人がいっしょに暮らす家については、かなり経験豊富なほうではないかと思います。

そこで、その経験と猫の習性をふまえて、「猫のための住まい10か条」を考えてみました。

1　日当たりの良い場所がある
2　室温は夏28度、冬22度を目安に
3　清潔な猫トイレ
4　準備と片づけがスムーズな食事スペース
5　落ち着いて眠れる寝床
6　だれにも邪魔されないプライベートスペース
7　短距離ダッシュできる運動スペース
8　思いきり発散できる爪研ぎ場
9　すべてを見渡せる高い場所
10　パトロール願望を満たす見晴らし台

1、4、8については、他のページで詳しく書いたので、ここではそれ以外の7条について説明しましょう。

室温は夏28度、冬22度を目安に

猫の体温は38〜39度で、人より高めです。そして猫が唯一汗をかく部位は肉球。それ以外に汗腺がないということが人との大きな違いで、私たちが「暑い」と感じたとき猫は「かなり暑い」状態なのです。ですから室内で熱中症になる猫がいます。熱中症予防には、遮光《しゃこう》のカーテンやロールスクリーンなどで夏の強烈な日射しを防ぐことです。

エアコンを使う場合は「冷房」で28度を目安にします。猫にとっての適温は、人の適温より2、3度高めと覚えておくと、冷房、暖房の目安になります。温かい風は上方に、冷たい風は下方にいきますので、サーキュレーターや扇風機などを活用して、うまく対流させるようにしましょう。

冷房をつけたまま外出する場合は、猫をエアコンの部屋に閉じ込めてしまわないよう注意しましょう。猫が寒さを感じたら、他の部屋に移動できるようにドアを開けて

おくとか、ワンルームなら猫ちぐらや段ボールの箱などすっぽりからだが入るものを用意しておくとか、クローゼットの扉を少し開けておくなどします。氣温が上がりそうな時間帯にエアコンのタイマーをセットするのもいいでしょう。

冬の寒さ対策としては、日中たっぷりの日光浴で熱をからだにため込むようにするのが猫にとって一番健康的な暖房です。

和歌山にある「猫の森」の猫楠舎では、暖房器具は床暖房、エアコン、ホットカーペット、石油ストーブや備長炭で火をおこした火鉢も使っています。猫たちの寝床には人用の湯たんぽを用意します。昔ながらのトタン製湯たんぽは24時間以上温かさが長持ちして、無害な暖房器具です。

ホットカーペットは電磁波を99％カットするもの。電磁波は電氣製品すべてから出ているもので、人や猫のからだへの影響も少なからずあるようです。電化製品をまったく使わないわけにはいきませんが、ホットカーペットに直接からだが触れないようにカバーを敷くなどして、猫が低温火傷をしないような配慮も必要です。

清潔な猫トイレ

インドアキャットのマストアイテムが猫トイレです。猫はきれい好きな動物ですから、清潔で快適なトイレを用意しましょう。

まず設置場所ですが、1日数回は必ず使うものですから、人があまり通らない落ち着ける場所を選びます。三方を囲まれたスペースがあれば理想的ですが、廊下や部屋の隅など、目立たず引っ込んだような場所が良いでしょう。人見知りの猫が、来客の際、リビングのトイレに行くのを我慢するような事態は避けたいものです。近くに窓や換氣扇がある換氣しやすい場所であればなお良いでしょう。

次にトイレ容器は、猫のからだに合った大きさと深さが必要です。さまざまな形状のトイレ容器がありますが、猫の森ではフードなしの箱型を使っています。その理由は、匂いがトイレの中にこもらないことと、丸洗いが容易なことです。

トイレの清潔を保つポイントは、氣がついたとき、すぐに掃除できるようにしておくことです。「猫の森」では、そのためにトイレの横に使いやすい掃除道具、蓋つきのゴミ箱を置いています。猫砂やペットシーツのストック、消臭剤、処理用の袋類、使い捨て雑巾なども猫トイレの近くに1ヶ所にまとめて収納しておくと便利です。トイレスコップは小さな塊も取りこぼさず、容器にへばりついた塊をとる強度があるものをお薦めします。

消臭の決め手はなんといっても掃除です。氣がついたらすぐに片づける習慣をつけましょう。トイレの丸洗いは汚れた感じがしたら即座にします。プラスチックのトイレ容器は使っているうちに傷がつき、その部分におしっこがしみ込んだりして、いくら丸洗いをしても臭いがとれなくなります。そうなったら、買い替えの時期と考え、新しいトイレ容器に交換しましょう。

猫砂は、掃除をする人間サイドからすると、消臭力、凝固力があり、飛びちりが少ないものが助かります。消耗品なのでコストパフォーマンスが高く、購入しやすいというのも見逃せないポイントだと思います。

「猫の森」11匹分の猫砂はインターネットで箱買いしています。年中無休で注文の翌日に配達されるお店を利用し、常にチェックをして砂の在庫切れがないようにします。猫は順応性の高い動物ですが、猫砂を変えたらトイレを使わなくなったという猫もいます。変化を嫌う猫のために、猫砂は同じものを用意できるようにしましょう。

以前は猫トイレのほとんどは猫砂でしたが、近年はペットシーツ派の猫も増えてきました。ペットシーツであれば砂が指の間に入り込むこともなく、砂埃もたちません。「猫の森」の玖磨は尿路変更手術をした猫で、お腹の穴からおしっこを出します。猫砂のトイレを使っていたときは、お腹の穴に砂埃が付着して、感染症なども心配でしたが、ペットシーツを使うようになってからはお腹の穴の臭いも激減して、本人も快適そうにしています。

落ち着いて眠れる寝床

猫は季節や時間帯によって寝る場所を変えます。ですから、猫ベッドは固定せずに動かせるものがお薦めです。寝床には抜け毛がつきやすいので、付着した猫毛を簡単に掃除・洗濯できるようなものを選びます。

「猫の森」では猫ベッドとして、籐製やトウモロコシの茎を編み込んだコーン製のバスケットに綿100%のバスタオルを敷いたものを用意しています。中のバスタオルに猫毛が目立つようになったら、まず回転式エチケットブラシで表面についた毛を取ってから掃除機をかけ、さらに粘着式ローラーをかけて洗濯機で洗います。これである程度、洗濯槽にたまる猫毛を減らせます。特に集合住宅のベランダで干す場合は、乾いたときに洗濯物についていた猫毛が周辺に飛ぶことのないよう注意してください。

だれにも邪魔されないプライベートスペース

猫は単独生活者なので、他の猫からも邪魔されない場所があると心の安定につながります。夏でも押し入れに入り込んでいる猫がいて、暑いのではと思っていたのですが、押し入れの中は猫にとって案外快適な場所のようです。猫ちぐらと同じような感じなのでしょうか。

シッティング先で、クローゼットの中の洋服が猫毛だらけになっても、猫が入れるようにしてあったりすると、思わず顔がほころびます。

猫のプライベートスペースは狭くてちょっと暗いところが多いようです。時々は猫毛を掃除して、ダニの温床にならないよう注意しましょう。

短距離ダッシュできる運動スペース

猫は積極的に運動する動物ではありませんから、広い場所はあまり必要としません。せいぜい室内を自由に行き来できるよう、各部屋のドアを少し開けておくくらいで十分です。その場合は閉じ込め防止にドアストッパーをつけるなどしましょう。

廊下や直線距離のある場所は短距離ダッシュされても困らないよう、壊れやすいものを置かないようにします。猫が登ったり、駆け回ったりする可能性のある場所はすべて猫の運動場だと思っていれば間違いありません。

すべてを見渡せる高い場所

猫の場合、広さよりも高低差がストレス発散に有効です。階段があれば申し分ありません。なければ冷蔵庫やタンスの上には物を置かず、猫が登ってもいいようにしておきます。

天井突っ張りタイプのキャットタワーは、時々ネジがゆるんでいないかを確認してください。シッティング先で、キャットタワーが留守中に倒れているのを何度か目撃しています。また、猫が高い場所から着地する周辺には、不安定なものや壊れやすいものを置かないようにして、安全に留意しましょう。

パトロール願望を満たす見晴らし台

インドアキャットにも外の様子を知っていたいという「パトロール願望」はあります。窓の外を見渡せる場所があると、猫は外を見て周囲の動向に注意を払い、その願望を満たします。

猫楠舎では、庭に金網張りの2畳敷きの小屋を作り、「くまホーム」と名づけました。廊下の戸を開けると、猫たちはこのくまホームに入ることができます。内部の地面は草や木が生えていて、自然を味わうことができる作りになっています。

くまホームは、激しく外に出たがった玖磨のために作りました。この小屋を作る前の玖磨は、血を流すほど鼻面をガンガン網戸にぶつけていたのです。くまホームができてからは、外に出たい熱がだいぶ沈静化しました。

ついでに言うと、網戸は猫が飛びついても破れないステンレス製が安心です。アコーディオン式の網戸の場合は下からくぐり抜ける猫がいるので注意を要します。

猫にとって危険な場所

人が日常生活を送る室内にも、猫にとっての危険はたくさんあります。ベランダ、浴室、キッチンなど猫が出入りできる場所に潜む危険を知っておきましょう。

ベランダは落下の危険があるので、戸の開け閉めには十分注意しましょう。バランス感覚抜群の猫にとって、ベランダの手すりに乗るくらいは朝飯前。特に春先頃、好奇心旺盛な1歳未満の子猫がベランダから落ちる事故が多いのは統計からも顕著です。ベランダの仕切りをくぐり抜けたり、手すりをつたって、他のお宅のベランダに侵入することもあるので対策を立てておきましょう。

わが家のドドが7歳くらいのとき、マンションのベランダの手すりをつたって、2軒先のお宅まで行き、戻れなくなったことがあります。手すりの上で固まったまま、動けずに大絶叫し、外を歩いている人が驚くほどの騒ぎになってしまいました。結局、そのお宅の方にお願いして部屋に上がらせてもらい、手すりの上で固まっていたドドを救出しましたが、本当にヒヤヒヤものでした。

洗濯物を干すのにベランダに出る際、猫もいっしょに出てしまい、それに氣づかないまま部屋に戻って、猫を閉め出してしまう事故もあります。洗濯物を干したら、猫がどこにいるか指差し確認をお忘れなく。

猫は水に濡れるのが嫌いですが、人が入浴していると好奇心で浴室に入ってくることがあります。興味津々で浴槽のお湯を飲んだり、前脚でお湯をすくっているうちに脚を滑らせて、お湯の中にドボンと落ちる猫もいます。そうした事故を防ぐために、外出するときは、念のため必ず浴槽の水抜きをしておいてください。

冷蔵庫や引き出しを開けてしまう強者の猫もいます。粘着テープで簡単に取りつけられる幼児用グッズの冷蔵庫ロックや引き出しロックなどを利用すると良いでしょう。猫がガス台に乗って危ないので、キッチンの出入り口に格子戸を取りつけて、中に入れないようにしたお宅もありました。調理中、火や刃物を使っているときは、猫がキッチンに入れないようにしましょう。

玄関もリスクが大きい場所。玄関ドアを開けた瞬間、猫が飛び出してしまうこともあります。ドアを開ける際は、足元に猫がいないことを確かめながら開けましょう。動きが速い子猫の脱走や、逆に動きがゆっくりしている老猫をドアではさむ事故がないように注意してください。

来訪者の注意を喚起するために玄関ドアに「猫がいます」ステッカーを、ドアの内側には「猫飛び出し注意」ステッカーを貼っておくのも1つの手です。

シッティングに行ったお宅で、玄関ドアの鍵は開けられたのに、ドアガードがかかっていて中に入れないことがありました。意外なことにドアガードは猫でも簡単にかけることができるので、猫を残して外出する際は、ドアガードをガムテープなどで固定しておくことをお薦めします。

猫の口に入るものにも要注意!

キッチンで醤油のペットボトルの内蓋を飲み込んだ猫がいます。突然頻繁に吐くようになったので動物病院でレントゲン写真を撮ったのですが、なにも写っていません。病院では原因不明なので開腹手術をするしかないと言われ、意氣消沈していると、当の猫がゲゲッと吐いて、その中身がなんとプラスチック製の醤油の内蓋だったという話です。キッチンで出るゴミはその都度、蓋つきゴミ箱にすぐ捨てる習慣をつけましょう。猫がキッチンのゴミ箱をあさる場合は、しっかり蓋が閉まるゴミ箱を用意するか、ゴミ箱を流しの扉の中に入れてしまいましょう。

シッティングの現場では、スーパーのレジ袋をなめたり、齧《かじ》ったりする猫が以前より増えています。インドアキャットのストレスの発散なのかもしれません。ただし、こうしたものを飲み込んでしまった場合、うまく体外に出せれば良いのですが、出ないとなると開腹手術の可能性が高くなるので、猫が飲み込んだり、食べたりする可能性のあるものは外に出しておかないことです。

　猫の口に入る大きさのものはすべて飲み込まれる可能性があります。裁縫箱の糸のついた針、風邪薬、ピアスなどのアクセサリー類、ゼムクリップ、輪ゴム、消しゴムなど、細かいものは必ず収納するようにしてください。

　猫にとって、室内の埃も危険なものの1つです。猫は毎日グルーミングで被毛をなめます。このとき、抜け毛やフケだけでなく、被毛に付着した空中の埃も体内に取り込みます。埃にはさまざまな化学物質の残留物が吸着されています。掃除をまめにすることは猫の健康と直結しているのです。

　薬品、洗剤、消臭剤などは、安全基準をしっかりチェックしましょう。「猫の森」では赤ちゃんがなめても安全な除菌消臭剤や、ナチュラルな素材のファイブフラワークリーム、蜜蠟《みつろう》ワックスなどを使っています。


壊されたくないものは共有スペースに置かない

　リビングの調度は、猫にとって絶好の遊び道具。私はひと晩で猫に十数万円の縦型ブラインドをおシャカにされたことがあります。布製カーテンは猫毛や埃を吸着しやすいので、引っ越しを機に縦型ブラインドを特別注文したのです。ところが、窓に取りつけて悦に入っていたのは1日だけ。取りつけた翌朝、ブラインドのひもがズズに食いちぎられ、ブラインドは開閉ができなくなっていました。この反省を活かして、その後は調整のひも部分がプラスチック製のロールカーテンに変更しました。

猫と暮らすなら華奢《きゃしゃ》なガラス製品など壊れやすいものは、出しておかないのが原則です。以前シッティングに行ったところ、古伊万里の大皿が割れていて、焦ったことがあります。おそらく何かの拍子に倒れて割れたのでしょうが、猫は思いがけないことをする天才なので、猫との共有スペースに置いてあるものは、猫に壊されたとしても決して文句は言わない覚悟を持ってください。

家は猫のテリトリーです。生活の安全基準を猫に合わせれば、人の暮らしはいっそう健康的になります。猫と暮らすおかげで、私たちは余計なものを引き算することができ、自分にとって本当に必要なものに氣づき、やがて本物を見抜くことができるようになるのだと思います。

第5時限 猫の健康&危機管理を學ぶ

動物病院に行く前にできること

お母さんのお手当てを思い出してください。

小さい頃、私が「お腹が痛い」と言うと、母は黙って私のお腹に手のひらを当ててくれました。母に手を当ててもらっていると、お腹の痛みは不思議と軽くなります。からだのどこであっても母の手のひらが当てられれば、（もう痛くない、大丈夫）と安心して、痛みを忘れることができました。これが私のお手当ての原点です。

ズズが19歳のとき、獣医さんから末期の慢性腎不全で余命数ヶ月と宣告されました。毎日輸液に通うよう言われましたが、ズズは通院途中にキャリーケースの中で吐いてしまうくらい通院が苦手でした。そこで、ズズの残された時間は家でゆっくり過ごしてもらおうと思いました。

そのとき、母のお手当てを思い出し、ズズの腎臓に手のひらを当てることを始めました。猫の腎臓の位置はちょうど胴のくびれあたりです。痩せてほっそりした彼のウエストに両手を当てると、ズズはおとなしく身をまかせて、氣持ち良さそうにしていました。

健康な腎臓はぷっくり瑞々《みずみず》しいそら豆のような形状をしています。それが慢性腎不全の末期になると、クルミの殼のような硬いものになってしまうのだそうです。

そこで私は、ズズに手のひらを当てるとき、硬いガチガチのクルミのような腎臓が新鮮な緑のそら豆のような腎臓になるイメージを思い浮かべることにしました。

「そら豆、そら豆、そら豆さん♫」

でたらめの節をつけて歌いながらお手当てをしていると、ズズの体温が手のひらに伝わってきます。老猫になると体温は低くなり、若い頃の温かさはなくなります。それでもズズのひんやりとした胴に手を当てていると、いつも私のからだがぽっぽと温かくなるのでした。お手当ては「治してやろう」という上から目線の一方的なものではないと氣づかされます。お手当てはする側とされる側が対等で、お互いに交流し合うものなのです。

最初は「良くなって欲しい」という氣持ちがありましたが、次第にそれは私の欲だと氣づきました。

ズズは長生きすることを望んでいるのか？

ズズに少しでも長く生きて欲しいと願うのは、私のエゴではないのか？

欲を手放して、ただ今ここにあるズズとの時間を大切にしなければ……。

猫は人の氣持ちに敏感です。例えば「治って欲しい」という氣持ちが強いと、猫のほうもなんとかそれに応えようとして頑張ってしまう傾向があります。ですから、ズズには「頑張らなくていいよ。今いっしょにいられるだけで嬉しいよ」と伝えました。

そうしてズズは余命宣告から3年以上生きて、22歳で旅立ちました。

お手当てをするときは、静かで落ち着いた環境で行います。私は朝起きて、まだ半分寝ているようなとき、よく猫たちに手を当てています。

「おはよう、今日も元氣でいこうね」

話しかけながら、手のひらが導かれるところに手を当てて、自然に手が離れるまでそのままにしています。

セミナーのときは、受講者が2人1組になって、人間同士でのお手当ての感覚を体験してもらいます。手のひらが冷たいときは、両手をこすり合わせて温かくしてから行います。最初は自分自身で自分のからだの痛いところなどに手のひらを当てます。次に相手に手を当ててもらいます。そうすることで、お手当てされている猫と同じ状況を味わうのです。自分自身でやるのも氣持ちが良いのですが、相手に手を当てられるとより氣持ちが良くなります。

ましてや猫のからだは人の10分の１の大きさ。手のひらを使って、猫のからだ全身をお手当てすることができます。お手当ては場所も時間も選びません。だれでも簡単にすぐできるケアです。動物病院に連れていこうかどうか迷ったときなど、猫にお手当てをして様子を見てはいかがでしょう。

病院の検査結果に振り回されない

現在、私は和歌山の田舎で６匹の猫たちと住んでいますが、最寄りの動物病院は車で30分ほどかかります。その病院は診察時間が決まっていて休診日もあります。一方東京では、動物病院はいたるところにあって、24時間年中無休の総合病院やアニマルドクターカー（ペット向け深夜往診の救急車）などまであります。

東京に住んでいるときは猫の具合がちょっとでもおかしいと、すぐに動物病院に連れていっていました。しかし、和歌山に来てからは一度も動物病院に行っていません。なぜだろうと考えてみて、ひょっとしたら動物医療の体制が整っている環境にいると、知らず知らずにそのことに依存してしまうのかもしれないと思い当たりました。かたや動物病院が少ない状況では、猫を病氣にするわけにはいかないと思う氣持ちが強くなるのかもしれません。住んでいる環境によって、猫の健康と病氣に関する意識が変わるものだとしたら、動物病院に行かずに済む田舎は決して悪くないように思います。

高度に進歩した医療に関して、次のような猫カウンセリングの例があります。

Kさんは愛猫レオ君（雄・7歳）の健康チェックのために、キャットドック（人間ドックの猫版）を申し込みました。フルコースでCTスキャンやレントゲン検査もした結果、

「心臓に氣になるところがあります。将来的に心臓病になる可能性があるので、今から予防を始めましょう」

と獣医さんから言われたそうです。突然、心臓病という言葉を聞かされたKさんはショックを受けてしまいました。そしてインターネットで「猫の心臓病」を検索しているうちに、悪いことばかり考えてどんどん落ち込んでしまったそうです。

「私のこんな状態がレオにとって良くないことは分かっているんですが、どうしたらいいか分からなくて……」

Kさんは泣いていました。私が、

「ところで、今レオ君はどうですか。具合が悪そうなところはありますか？」

と尋ねると、Ｋさんは、

「いえ、普通に元氣です」

と答えてから、ハッとしたようでした。

「キャットドックの結果より、目の前のレオ君をよく見てください。まだ起こっていないことにエネルギーを使うのは止めませんか」

とお話ししたところ、Ｋさんはご自分が無用な心配をしていたことに氣づかれたようでした。

医療の高度化が進み、今まで分からなかったことが詳しく分かるようになったのは素晴らしいことです。と同時に、必要以上に知ることが無用の心配や不安を引き起こす可能性もあります。ほどほどの距離でつき合えるようにしたいものです。

動物病院の種類と違い

いろいろな動物病院を渡り歩き、なかなか主治医が定まらない人がいます。そうなってしまう理由は、納得のいく動物病院が見つからない、動物病院に対して不信感があるなどが多いようです。

私もいくつかの動物病院を経て、やっと信頼できる獣医さんに巡り会うことができました。できれば動物病院を転々とする期間を最短にして、長くつき合える動物病院、獣医さんを見つけたいものですね。

人の病院と同様、動物病院にもいくつかの種類があります。規模で分けると、獣医さんが1人でやっている個人経営の病院、複数の獣医さんがいる中規模の総合病院、獣医科大学の付属病院などの大規模病院の3つがあります。それぞれ、メリットとデメリットがあるので、よく把握した上で選ぶようにしましょう（表6）。

動物病院の選び方、5つのポイント

一般的に利用されることが多いのは、住宅街などにある個人経営の病院です。猫の具合が急に悪くなったときには、とにかく家のすぐ近くにある病院に行きたくなるのではないでしょうか。しかし、個人経営の病院も千差万別。どんな病院を選んだらいいか、次の5つのポイントが重要です。

①獣医との相性

動物が大好きな獣医さん、猫が好きな獣医さん、獣医という職業が好きな獣医さん、

表6●動物病院・規模別比較表

形態 獣医の数	〈小規模型〉 獣医が1人、 個人経営の病院	〈中規模型〉 獣医が複数の 総合病院	〈大規模型〉 大学の付属病院など、獣医の数が多い
獣医との 関係性	距離が近い。信頼関係を築きやすい	距離は普通。勤務シフトで担当が替わることもある	距離が遠い。診察には獣医からの紹介状が必要
診察時間 定休日	定時、定休あり	24時間対応、無休	定時、定休あり
技術	幅広く経験豊富	病院内での 連携が可能	専門性が高い
設備	必要最小限	基本機器は完備	最先端設備がある
診察料	あまり高くない	そこそこ高い	かなり高額
メリット	臨機応変に対応してくれる	万が一のときも安心	難病など専門性の高い治療が可能
デメリット	診察時間外の対応ができない	担当獣医が替わることがある	経済的な負担が大きい

お金を稼ぐために獣医という職業を選んだ獣医さん、心の底から動物を助けたい獣医さんなど、獣医さんも十人十色です。

そうした中から、相性の合う獣医さんに出会えたら一生の宝です。氣軽に質問でき、なんでも相談できるホームドクターがいると心の安定感が増します。

あなたはなにも言わない猫に代わって、具合が悪くなった経緯や様子を獣医さんに説明しなければなりません。そのやり取りをスムーズに進めるためには、あなたが落ち着いてしゃべれる相手であることが大切です。

最近はインフォームドコンセントも浸透しつつあります。インフォームドコンセントとは、獣医師が治療法や薬の内容について、クライアントに十分な説明をして、クライアントの同意を得て、それを実行するという考え方をいいます。

あなたが通っている病院の獣医さんを思い浮かべて、次の項目をチェックしてみましょう。

・あなたの話を最後までよく聞いてくれますか？
・説明を求めると嫌な顔をしませんか？
・検査の方法や、検査でなにが分かるかの説明をしてくれますか？

・今後予想される経過や治療計画の詳細な説明をしてくれますか？
・治療方法について、あなたの希望や意見を聞いてくれますか？
・説明は専門用語を使わずに、分かりやすくしてくれますか？
・検査、治療や手術、薬の費用の説明はありますか？
・治療以外の猫に関する相談に乗ってくれますか？

②自宅からの距離

緊急時は時間が勝負です。自宅から最短で行ける動物病院を調べておきましょう。近くの動物病院が見つかったら、事前に見学に行って病院までの道順を確かめたり、院内の様子を見せてもらうと良いでしょう。このとき猫は連れていく必要はありません。電話で問い合わせをして、感じのいい対応をしてくれるかどうかを確かめるのも良いと思います。

③清潔な環境

ロサンゼルスにある猫専門病院を見学したことがあります。いたるところに猫への思いやりがあふれ、さまざまな工夫が施されていましたが、なにより清潔感が際立っていました。病院独特の匂いがなく、掃除が行き届いた院内は高級リゾートホテルのようでした。清潔感のある院内だと、診察を待っている時間にリラックスできます。この効果は猫にも影響して、スムーズな診察につながります。治療は院内の清潔な環境から始まっているといえるでしょう。

④猫への接し方

診察する際の獣医さんの目線や猫に話しかける様子は好ましいものでしょうか。猫は獣医さんに対して、どのような態度ですか。経験豊富な獣医さんは物腰もソフトで猫を怯えさせません。猫に対して私たちと同じように話しかけてくれる獣医さんだと、診察室にいても氣持ちが和《なご》みます。基本は、猫といっしょに診察室に入って、獣医さんの診察に立ち会える病院が良いと思います。

⑤基本料金の表示

動物病院は保険が適用されない自由診療で、初・再診料を含む治療費はすべて動物病院が自由に設定できます。治療費は全額自己負担となるため、3割負担の人間の医療費に比べると高額になります。緊急の場合は選択の余地がなくなるので、普段の心構えとして、ホームページで料金を表示してある動物病院のサイトなどで料金の目安をつかんでおくことをお薦めします。診察料は初・再診料、検査料は尿検査の料金を基準にするとよいでしょう。手術料は不妊手術の料金を目安にすると分かりやすいと思います。

大切なのは、猫・看護人・獣医師、三者の協力

まず、病院に行くときの前提として「動物病院に連れていったら猫を治してもらえる」と考えないことが大事です。

治療は猫の治ろうとする力、あなたのきめ細やかな観察と思いやり、獣医さんの的確な診断と対処の3つのバランスで成り立つものです。それぞれの力がうまく嚙み合って、本当の治癒につながります。

「治療が成功したのは獣医さんのおかげ」

「治療が失敗したのは獣医さんのせい」

どちらも違います。

「治療がうまくいったのは、猫と看護人と獣医さんの協力が実を結んだから」

「治療がうまくいかなかったのは三者がアンバランスだったから」

こうした考え方で獣医さんとつき合うと、お互いに信頼し合えるようになると思い

ます。

猫の元氣の見分け方

獣医さんが動物の病氣を見分けるプロだとすれば、キャットシッターは猫の元氣を見分けるプロです。普段は猫全体をパッと見ての雰囲氣で、元氣かどうかを感じ取っています。ここでは部分的な元氣の目安についてお話しします。

〈排泄はいつもどおりか〉

シッティングでは、食事の準備より先にトイレ掃除をします。お腹をすかせた猫がごはんを催促しても、排泄物をチェックするまで待っていてもらいます。例えば下痢をしていたら、通常の食事を出すのは止めにして様子を見るのです。猫は生き物。からだの状態は日々変化しますから、その変化をよく観察して、その時々に合わせた対応をします。

排泄は健康のバロメーターです。1日におしっこを何回するのか、うんちの頻度や量、形状など、1匹1匹違います。同じ食事をしていても排泄には、その猫の特徴が出ます。トイレ掃除のとき、おしっこやうんちをどうぞよく見ておいてください。

〈ごはんを美味しそうに食べているか〉

食欲は、その日の体調や氣分、季節や氣圧などによっても左右されます。猫の場合、食欲は嗅覚、匂いによって喚起されます。鼻がつまっていたら食欲は湧きません。夏場は食欲が落ちますし、秋から冬になるときは食欲旺盛になります。ですから、見るポイントは食べる量ではなく、美味しそうに食べているかどうかです。

美味しそうに食べている猫は、全身から喜びオーラが発散されています。その状態をしっかり覚えておきましょう。元氣なときの食べ方はこんな感じ、というイメージです。

〈いつもの行動パターンか〉

猫はルーティンワークの動物で、自分で決めた日課をこなすのが好きです。決まりきった日常が猫の平穏につながっているのです。この行動パターンに変化があるときは、なんらかのサインです。

例えば、ある晩、桃太郎が私の部屋の水飲み場で水を飲みました。桃太郎が水を飲む音は独特なので、姿を見なくても音だけで彼と分かります。しかし、普段彼は私の部屋に来ることはめったにないのです。

彼の部屋に行ってみると、大きな器の水が飲み干されていました。猫は腎臓の機能が低下すると、たくさん水を飲んで、大量のおしっこをする「多飲多尿」という状態になります。老猫のほとんどがこのような傾向にあり、今回の出来事は18歳の桃太郎が多飲多尿に突入したという合図でした。

彼の部屋に水の器を増やし、食事に活性炭のサプリメントを加えると、水のがぶ飲みが治まりました。活性炭は体内の毒素を吸着して、便とともに体外に排泄させる働きがあります。

〈きれいな耳か〉

健康な猫の耳はピンと立ち、薄く透き通るようにきれいです。耳をしきりにかいて、毛が薄くなるようなときは、耳ダニなどの可能性がありますので、獣医さんに診てもらってください。普段から耳をよくかくとか、耳をよく振るといったことがあれば、耳になんらかの違和感があるということです。

〈目に輝きはあるか〉

元氣な猫の目は両目がしっかり開いて、キラキラと輝いています。片目だけをパシパシつぶったり、目をかいたりしていません。目ヤニがなく、涙もあふれていません。

目が充血することはなく、下まぶたを引っ張ったとき、内側が赤くなっているようなこともありません。

猫は目だけで私たちに意思を伝えることができます。健康なとき、猫の瞳は光を宿して、私たちに訴えかけてきます。体調が悪くなると、目から光がなくなります。

第3のまぶたともいわれる白い膜を瞬膜《しゅんまく》といいます。瞬膜は眼球を保護する働きがありますが、目の表面をずっと瞬膜が覆っている状態は体調不良のサインです。

〈鼻はしっとり湿っているか〉

健康な猫の鼻はしっとりと湿り氣があります。起きたばかりや遊んだ後の鼻は乾いていますが、それ以外で鼻が乾いているときは、熱があるか、脱水状態などが考えられます。若い猫に比べると老猫の鼻も乾いています。

〈口元は引き締まっているか〉

口臭やヨダレがなく、歯の色は白く、歯茎がきれいで腫れていないのが猫の口と歯の好ましい状態です。

「猫の森」に入居したばかりのチビ（雌・17歳）は水を飲みたそうにしているのに飲むことができず、ごはんを前にしても食べることができませんでした。口臭がキツく、白いはずの前脚と胸がヨダレじみで茶色に変色していました。口の中に重大な問題が起こっていることが分かり、緊急で手術をしてくれる動物病院を探しました。高齢の上、体重も3キロ弱だったため、手術は危険を伴うものでしたが、チビは乗り切ってくれました。炎症を起こしている歯を抜き、ついでに歯に付着していた歯垢、歯石もきれいに落としたチビは、しっかり食べられるようになり、からだがふっくらとしてとてもきれいな猫になりました。

口内衛生は生きる大元です。食べることができなければ死ぬのです。たまに猫の口の匂いを嗅いだり、一番奥の歯まで指で触れるようにしておくことをお薦めします。

〈被毛はお日様の香りがするか〉

猫の毛をなでたとき、フワフワモフモフだったり、ツルリンとしてなめらかだったり、サラサラした感触であればノープロブレムです。そしてお日様の匂いがすれば、からだに日光の熱を蓄えているということです。

クシやブラシで被毛のお手入れをしながら、フケや脱毛、ベタつき、悪臭、こぶや腫れなどがないかをチェックします。かゆがる部分や、触られるのを嫌がったり、痛がる箇所があれば、よく観察して対策を考えます。毛がハゲている箇所があっても、それ以上ハゲが広がらなければ様子を見ます。玖磨は年に数回、うなじあたりに円形のハゲができますが、放っておくと元どおり毛が生えてきます。

西洋医学以外の治療もある

最近、一部の動物病院では西洋医学以外の療法を取り入れるところが出てきました。

西洋医学では検査で異常が発見されなければ、治療方法が決まりません。その点、鍼《はり》、灸《きゆう》、漢方といった東洋医学は、動物の脈や舌の状態、被毛、目の力、体臭などから症状を読み解きます。そして、それに合った治療を施し、併せて体質や環境、食事なども含めた生活全体の改善を促します。マニュアル要素が強い西洋医学とは異なり、東洋医学は獣医師の経験や勘、センスが大きく作用する分野です。

西洋医学は病氣を治すことに力点が置かれますが、東洋医学の場合はからだの抵抗力や活力を上げようとします。西洋医学の「苦しませたくない」「痛みを取ってやりたい」という考え方に対し、東洋医学では「穏やかに過ごして欲しい」「つらい思いはさせたくない」というスタンスです。

この他代表的な代替医療として、カイロプラクティック（手技療法）、ホメオパシー、フラワーエッセンス療法などがあります。

迅速で簡単に薬で症状を抑えるだけの治療は、根本的な解決になりません。西洋医学のやり方に限界を感じた人たちが今、東洋医学を含めたホリスティックケアに注目しているのです。ホリスティックという言葉には「全体的」「包括的」などの意味があり、ホリスティック医学は広い視野で考え、心身両面から対処していきます。

「猫の森」の猫たちは緊急時には西洋医学的な治療をし、慢性的な症状にはホリスティックケアをといった具合に使い分けています。西洋医学で見放された難病が氣功や波動で完治した例もあります。これまで西洋医学一辺倒だった日本の動物医療が少しずつ変わろうとしています。

猫のお手入れ①被毛

猫のお手入れは氣がついたときに、すぐやるようにしています。そのために各部屋にクシ、爪切り、除菌消臭剤などを置いています。タイミングとスピードがお手入れの最大のコツかもしれません。

猫の毛が生え替わる時期には被毛の手入れが欠かせません。暖かくなり始める3月と、寒くなり始める11月頃です。3月に生え替わる夏毛は、毛の密度が少なく、風を通しやすいやや硬めの毛で、短毛の猫でも、この時期は毎日びっくりするほどの抜け毛が出ます。冬毛は体温を逃がさないように細く柔らかい毛が密集して生えます。

被毛の手入れは、クシを使うコーミング、ブラシを使うブラッシング、手で抜け毛を取る手グシなどがあります。その他、粘着シートを好む猫もいれば、掃除機の吸引口からダイレクトに吸引されて平氣な猫もいます。

私が長年猫のお手入れに使っているのは、柄付きノミ取りクシです。毛の長い猫も、短い猫もこのクシ1本で全身をコーミングできます。

夏毛に生え替わるときは大量の毛が抜けるので、コーミングの回数が増えます。この時期、猫自身のグルーミングだけではとても間に合いません。猫がグルーミングで飲み込む毛を減らすためにも、春先はコーミングの頻度が高くなります。

コーミングを嫌がる猫には、少しずつコーミングが氣持ち良いものだとわかってもらうようにします。まず、猫にクシを見せて、匂いを嗅がせます。猫はクシに口元をこすりつけて匂いづけをします。その後、ゆっくりと額にクシを当てます。逃げないようであれば、次はアゴの下あたり、ノド元から口先に向けて、ソフトにクシをかけてみましょう。背面は頭頂部からしっぽに向けてクシを動かします。お腹はデリケートな部分なので無理はしません。コーミングの最中に、耳を伏せたり、低くうなり始めたら、「もう止めて」のサインですから中止します。

毛がたまりやすい部分は、アゴから耳にかけて、しっぽのつけ根から後ろ脚部分などです。コーミングに慣れてくると、猫が喜ぶポイントが分かるようになりますから、そこを起点にして、さらにコーミングの範囲を広げていきます。クシの角度を水平から垂直に変えると、毛の取れ具合が格段にアップします。また、垂直にクシを使うと、皮膚マッサージにもなり一石二鳥です。

細くて柔らかい毛質の猫は、毛が絡まり合って固まり、毛玉になってしまいがちです。この毛玉をそのままにしておくと、鎧《よろい》のように硬くなって皮膚を覆ってしまうこともあります。

できてしまった毛玉は、クシで少しずつほぐして取り除きます。ほぐれないほどガチガチに固まった毛玉の場合は、ある程度クシと手でもみほぐしてから、ハサミで切り取るしかありません。ハサミは先の丸いものを使い、猫の皮膚を傷つけないよう注意しながら、慎重にカットします。

シッティングの打ち合わせ中、急きょ長毛猫の毛玉取りを手伝ったことがあります。マリちゃん（雌・３歳）は脇の下を毛玉が覆ってしまい、まともに歩けない状態でした。お客様にバスタオルで包んでマリちゃんをしっかり抱いていてもらい、毛玉をはぎ取っている間、マリちゃんは阿鼻叫喚《あびきょうかん》。やっと切り取った毛玉は床に落とすとカチンと音を立てるほどの硬さで、毛玉に覆われていた皮膚は皮膚呼吸ができなかったために赤く爛《ただ》れていました。羽交い締めから解放されたマリちゃんは、久々に自由になった前脚を思いっきり伸ばしていました。

毛玉予防には、まめにコーミングやブラッシングをして、毛のとおりを良くしておくことが第一で、被毛のベタつきを感じたらシャンプーをすると良いでしょう。

猫のお手入れ②爪切り

猫の爪切りはどうしてもやらなければならないものではありません。老猫になって爪が肉球に食い込むような場合は早めに爪を切る必要がありますが、それ以外に猫の爪を切る理由は、カーテンやカーペットなどに爪がひっかかってしまうのを防ぐ、同居猫との取っ組み合いでの怪我を防ぐ、家の中の爪研ぎ被害を少なくするなどが挙げられます。

猫の爪切りは、家の中を傷つけられたくないという「人の都合」も多分にあるので、猫と人が無理のない範囲でやるくらいがちょうどいいと思います。「猫の森」では、おとなしく切らせてくれる猫は、伸びたなと氣づいたときに切っています。激しく抵抗する猫は寝ているときに1、2本カットする程度です。

爪切りの道具は、その人にとって使いやすく、猫の爪を傷めないものであればなんでもいいと思います。私は人用の爪切りが一番使いやすいので、それで猫の爪を切っています。素早くカットできる切れ味の爪切りだと、猫の負担も少なくて済みます。

爪を切る手順は、猫を後ろ向きにしてひざに抱き、逃げないようにしっかり押さえておきます。左右どちらかの前脚の肉球を親指と人差し指で軽くはさむと、爪がニュッと外に出てきます。血管と神経が通っている部分を避けて、三日月の形をした爪の先端部分を切ります。肉球マッサージをする延長で爪切りをする感じです。爪切りできなくてもかまわない、できたらラッキーくらいの氣持ちだとうまくいきます。意氣込んで爪切りしようとすると肩に力が入ってしまい、氣負いや緊張が猫にも伝わって、抵抗が激しくなります。あくまで無理は禁物です。

猫のお手入れ③なでなで

身勝手で神経質な猫は、おとなしくなでられていたかと思ったら、急に噛みついてきたり、後ろ脚で蹴りを入れてきたりします。そうした氣配を感じたら、静かに手を引きましょう。その後はなにごともなかったように振る舞うと、猫の氣分は沈静化します。

スキンシップのなでなでは、最初はからだ全体を毛並みに沿って、頭から背中、腰、しっぽまでゆっくりなでます。

リラックスしているようであれば、頭部のマッサージに移ります。額から頭頂部にかけて、なでたり、軽く押します。猫のほうから、甘えて押し返すような動作が出たら、継続して大丈夫です。

次は耳。猫は耳をよく動かすので、耳のつけ根の筋肉が緊張しています。親指と人差し指で耳のつけ根をはさみ、耳の先に向けて優しくしごくようにします。また、耳と耳の間の皮膚を軽くつまんで、引っぱり上げ、その状態で柔らかく揉みます。

首をなで、肩から胸にまるく包み込むようにしたら、前脚のつけ根からつま先に指を這わせます。肉球はひとつずつ親指の腹で優しく押します。猫の指と指の間を揉んで刺激しましょう。

ふたたび背中に戻って、背骨に沿ってなでていきます。猫が横になってお腹を見せて「なでてもいいよ」のサインが出たら、お腹に「の」の字を描くようにして触ります。体重を支える腰から足のつけ根あたりは、丁寧になでます。

後ろ脚はつけ根からつま先まで触っていき、肉球を押して、爪の出し入れ、指と指の間の刺激も忘れずに。しっぽのつけ根を軽く握って左右に揺らします。しっぽの先端までニギニギしながら移動させます。

猫とのスキンシップは「しなければならない」ものではなく、「したい」氣持ちになったとき、猫もそれを喜んでくれる状態で行うのがベストです。

猫といっしょの防災対策

環境省は2013年、災害時には飼い主らの安全確保を前提に、ペットは飼い主といっしょに避難する「同行避難」を原則とするガイドラインを作成しました。しかし、これは避難所で猫と人がいっしょにいられることを保証するものではありません。災害時に備えて、日頃からできることを考えておきましょう。

まず最寄りの避難所の場所と道順を確認しておきましょう。できれば避難訓練に参加するなどして、近隣で猫と暮らしている人たちとネットワークが作れたらいいですね。そのためにも、普段から円滑なご近所づき合いを心がけましょう。

家の中の安全対策としては、家具やキャットタワーの転倒防止や、高所からものが落ちないようにしておきましょう。災害時には自分自身の安全確保を最優先します。そうでなければ猫たちを守れません。

猫に関しては、まず不妊手術をしておくこと、普段からスキンシップやコミュニケーションで信頼関係を築いておくこと、留守番などで非日常体験をして免疫力をつけておくことなどが大切です。

また、いざというときに猫を預かってくれる人を探しておきます。預けるときに渡す猫手帖を作って、血液検査データなどがあれば、いっしょにまとめておきましょう。

人間同様、猫のための非常持ち出し袋も用意し、持ち出しやすい場所に置いておくこともお薦めします（次頁・表７）。

水とキャットフードは最低３日分を確保しておきましょう。プラスチック皿に食品用ラップフィルムをかければ水洗いなしで済みます。

表7●猫の非常持ち出し袋に入れたいもの

- 水
- キャットフード
- プラスチック皿
- 食品用ラップフィルム
- 救急セット
- 名札つき首輪
- 胴輪つきリード
- 洗濯ネット
- サイクリング用グローブ
- 使い捨てカイロ
- ポータブルケージ
- ポータブルキャリー
- ポータブルトイレ
- ペットシーツ
- 使用中の猫砂少々

救急セットには、薬、除菌消臭剤、カット綿、ガーゼ、包帯、ピンセット、ハサミ、体温計、爪切り、クシ、シリンジなどの他、動物病院の連絡先を書いたメモなどを入れておくとよいでしょう。

普段首輪をしていない猫も、避難所では名札つき首輪をつけて身元を明らかにしておきます。胴輪つきのリードがあると、ケージから出すときも安心です。

洗濯ネットは猫をすっぽりかぶせられる大きさが必要です。キャリーケースの代わりにもなり、パニックになったときなど洗濯ネットに入れると落ち着くことがあります。

サイクリング用グローブはパニックになった猫を押さえたりするときに使います。装着したまま細かい作業もでき、簡単に脱げないので便利です。

使い捨てカイロは体温が低下したときなどに備えて

あると重宝します。コンパクトに折り畳めるポリエステル製のポータブルケージ、キャリー、トイレの3点セットも入れておくと、万全の備えになります。

ペットシーツの他、避難時に使用中のトイレの猫砂ひとつかみを持参できたら理想的です。猫砂は避難所でも猫の精神安定剤となってくれます。

避難所でのマナーとしては、猫が苦手な人やアレルギーの人もいることを考慮し、匂いや鳴き声に十分な配慮をします。特に抜け毛や排泄物の処理は、細心の注意を払って行いましょう。

うっかり外に出てしまった猫をどうやって捜すか

インドアキャットが家の外に出てしまい、なかなか戻ってこないと想定して、猫の捜し方を考えてみましょう。

不妊手術済みの猫のほとんどは、3日以内に家の近所で見つかっています。猫は水に濡れるのを嫌うので、雨や嵐の日は濡れない場所でじっとしていると思ってください。また、水さえあれば、1週間から10日間くらいはなにも食べなくても持ちこたえることも覚えておいてください。

猫の脱走に氣づいたら、まず家の周辺を捜索します。普段外に出ていない猫は、車や室外機の下、物置の陰、建物の隙間などに入り込んで息を潜めている可能性があります。パニックになっていて呼びかける声に反応しないこともあるので、一度捜した場所でも何度も根氣強く捜索します。猫がいる家や、犬の散歩をしている人に声をかけて、協力を頼むと良いでしょう。捜索する時間帯は、野生の猫が狩りをする時間帯の明け方と夕方が狙い目です。

持参するものは、発見した猫を入れるための洗濯ネット、懐中電灯、好物のフード、猫の写真（捜索用のチラシ）など。迷い猫を捜していることをツイッターなどのSNSで告知する他、もし周辺の住民にも協力を頼む場合にはポスターよりもチラシのほうが効果的です。チラシには猫に関する詳しい情報を書き込むことができ、手渡しでチラシを配りながら、聞き込みができるからです。

チラシに記載する内容は、性別、年齢、名前、愛称、体重、いなくなった場所、日時、猫の身体的特徴、連絡先などです。チラシに使う写真は、やや不機嫌そうな表情のものにするのがポイントです。連絡先にメールアドレスを使う場合はフリーメールのアドレスを設定すれば安心です。

一軒家の猫が家に帰ってこない場合、よその猫がテリトリーを拡大しようと入り込んでくる「後釜狙い」が起こる可能性があります。家の猫が近くまで帰ってきても、後釜として入り込んだ猫が強いと、家に戻ることができなくなってしまいます。この後釜狙いを防ぐには、使用中だったトイレの猫砂を家のまわりに撒きます。これでよその猫が敷地内に入れないように結界を張るのです。

さて、首尾よく猫を発見できたとしましょう。そのときの注意点は、大声を出して走り寄らないこと、その場で与えるフードはほんの少しにしておくことの2点です。猫に静かに接近し、匂いを嗅がせて安心させたら、猫をしっかり抱いて洗濯ネットに入れ、家に帰り着くまではなにがあっても離さないこと。

家に戻ったら、怪我やノミの付着などがないか、からだのチェックをします。お世話になった方々には、猫が無事に帰宅した報告とお礼を忘れずに。

外で怖い経験をしなかった猫は、それ以後、外に出たがるようになるので、玄関ドアの開閉の際は足元に注意しましょう。玄関の外側に「猫がいます」の表示をして、来訪者に注意を促し、内側には「猫飛び出し注意」のシールなどを貼っておくと良いでしょう。

シッティング先の猫3匹が網戸を破って脱走したことがあります。2匹はすぐに戻ってきたのですが、残る1匹が戻ってきません。家の戸締まりをして捜索に行くべきか、家の中で待っていたほうがいいのか、本当に迷いました。結局、その日の深夜に戻ってきてくれたのですが、それまで生きた心地がしませんでした。後日お客様にお聞きしたら、何度も脱走経験がある猫たちだったそうです。外に出た経験のある猫はくれぐれも飛び出し注意ですね。

猫といっしょの引っ越しをどう乗り切るか

猫を連れての引っ越しは余裕を持ったスケジュールで、計画的に行いましょう。引っ越し先の近くにある動物病院の情報を収集しておくと安心です。

私は猫といっしょの引っ越しを7回経験しています。毎回引っ越し業者が決まると、「おうちに猫がいるスタッフを派遣してください」とリクエストします。猫と暮らしている方は、猫をうっかり逃がすようなことをしないからです。猫に対する配慮もあり、引っ越しも和やかにスムーズに進みます。

段ボールが届いて荷造りを始めたら、引っ越しの手順や移動の仕方、新居の様子などを猫に説明します。なるべく具体的で詳細なイメージを伝えるようにします。猫に自分のテリトリーから離れなければならないことを理解し、納得してもらう必要があるからです。これから起ころうとしていることを、言葉にして猫に伝えることは引っ越し当日のシミュレーションにもなります。

引っ越し当日は、猫を浴室などに隔離して、搬出のあわただしさから遠ざけます。浴室にはいつも寝ていて匂いのついたベッドなどを運び入れ、猫トイレと飲み水をセットし、時々様子を見るようにします。新居に着いたら、引っ越し業者さんが引き上げるまで、浴室など狭いところに閉じ込めておくと良いでしょう。

移動方法は徒歩、車、電車、飛行機などさまざまです。移動手段に合わせたキャリーケースを用意して、移動中猫が快適で安全であるようにします。

電車やバスなどの公共機関で、猫が大声で鳴くようであれば、途中下車することも考えて、なるべく乗客の少ない時間帯を選んだ移動計画を立てましょう。

国内線の飛行機の場合、猫は移動用のケースに入れられた上で貨物室に運ばれ、飛行中は離ればなれになります。健康になんらかの問題を抱えている猫は飛行機の移動は避けたほうが良いと思います。

ペットタクシーを使えばいっしょに移動できるメリットがあります。業者を頼む際は必ず見積もりをとり、わからないことや不安に思うことは事前に解消しておきましょう。

引っ越しの際、名入りの首輪をつけておくと、万が一のときの助けになります。また、移動が長いときは、途中で休憩がとれるようなスケジュールを組みます。猫が車に酔った場合も、いったん停車して休憩をとり、換氣をするなどして、猫が落ち着くまで待ちます。

私は猫を連れて、東京から和歌山までの移動を4回経験しました。移動の1週間くらい前から、猫に移動イメージを毎晩話して聞かせます。当日の朝、猫の食事は抜きです。そして、4本の脚の肉球すべてに精神安定効果のあるファイブフラワークリームを塗ります。私自身の手首、首筋にも同様にクリームを塗っておきます。移動中はひざにキャリーケースを抱いて、小声で毎晩話して聞かせたイメージをなぞります。

この方法で4匹の猫は、移動中鳴くことも、おしっこを漏らすこともなく、新幹線と在来線6時間半にわたる旅を乗り切りました。当時、4匹は福助17歳、玖磨14歳、夏子12歳、華17歳で、全員老猫にもかかわらず、まったくなんの問題もありませんでした。

猫に話したって分かるはずない、と思う方もいるかもしれませんが、それは間違いです。猫は家人から尊重されているか、そうでないかをちゃんと感じ取る動物です。猫ちゃんと猫に意識を向けて話すと、猫はあなたがやろうとすることを理解します。猫に対して、良かれと思ってやることでも、事前の説明なしですることには戸惑いや不安を感じますし、ときには怒りを露わにすることさえあります。猫に協力してもらうには、猫への真摯な語りかけがとても重要なのです。

引っ越しの際、忘れずに持参したいものは、直前まで使っていたトイレの猫砂ひとつかみです。新居の猫トイレにこの砂を入れれば、猫は安心してトイレを使います。猫にとっては匂いが精神安定剤となるのです。猫が新居でトイレを済ませたら、引っ越しは成功です。

新居では、猫たちが新しいテリトリーを納得いくまで探検し、匂いづけをして回れるようにします。引っ越し直後は外出を控えて、猫といっしょの時間を多くしましょう。猫は順応性の高い動物です。新居が自分にとって、快適で安全であると分かれば自分の生活パターンを作り始めます。

引っ越しで肝心なことは、用意周到な準備をした上で、どっしりとかまえていることです。具体的なイメージを猫に送り続けることで、猫はそれをちゃんと受け止めて、あなたに協力してくれます。

かわいい猫には留守番をさせよ

猫に留守番をしてもらうことは、非日常体験になります。決まりきった日常に退屈しないように、多少のメリハリをつけるのは良いことで、氣持ちの筋トレができます。猫にとって家族と離れることは、最初はストレスでも、慣れてくるとリフレッシュになることもあります。小さな赤ちゃんがいるご家庭の猫のシッティングに行くと、留守中の猫がリラックスしていて、ちょっぴり笑えます。

猫に留守番を頼むときは、出かけるけれどもすぐに帰ってくることを伝えます。私は留守が何日間であっても猫たちに、

「ちょっと出かけるけど、すぐに帰ってくるよ」

と言います。猫にとっては日数よりも「すぐ」のほうが分かりやすいのです。

猫に留守番をさせるとき、食事やトイレの世話を親しい友人などに頼んだり、我々

のようなキャットシッターに依頼しますが、健康な成猫であれば1泊2日くらいなら猫だけでもお留守番できます。トイレや水飲み場を増やし、食事はタイマー式の給餌器をセットすると良いでしょう。室内の安全確認、脱走予防、季節によって空調の設定などを考慮します。ただし、自分自身で体温調節が難しい子猫や老猫は、最低でも1日1回はだれかが見に行く必要があります。

そして、出先では無用な心配をしないこと。猫に任せること。心配より信頼が大事です。

第6時限

猫と人の暮らしに大切なことを學ぶ

「殺処分ゼロ」以前にやることがある

近年犬猫の「殺処分ゼロ」の活動が盛んです。しかし、その陰で殺処分の数を減らすために引き取り拒否が行われ、引き取りを拒否された動物が山中に遺棄されるというようなことも起こっています。「殺処分ゼロ」は達成したけれど、動物を捨てたり、虐待が増えるのでは本末転倒です。

環境庁の平成27年度のデータによると、年間約9万匹の猫が保健所に持ち込まれ、うち約6万7000匹が殺処分されました。殺処分される子猫の数は猫全体の65%を占め、この割合はずっと横ばい状態を続けています。これは不妊手術をせずに無計画に生まれてしまった子猫が、人の手で保健所に持ち込まれているということに他なりません。

殺処分ゼロの前に取り組むべきは、子どもたちに命の教育をすることと、犬や猫の不妊手術を普及させること、子犬や子猫を繁殖させて販売することを止めることだと私は思います。

猫を捨てる理由は「増え過ぎた」「飽きた」「病氣になってお金がかかる」「引っ越し先で飼えない」などで、人の無知と無責任がほとんどの原因となっています。日本の幼児教育から根本的に考え直さなければ、このような幼稚なレベルから脱することはできないでしょう。

熱しやすく覚めやすい日本人は、ブームの波が起こる度に、犬や猫を物のように扱ってきました。マスコミの流行に乗った猫種が、ブームが終わると捨てられるということが、過去何度も繰り返されたのです。昨今の猫ブームでも「猫好きな私」をアピールするために、人氣の猫種をお金で買うような人がいるかもしれません。

十数年前に行ったイギリスやアメリカでは、子犬や子猫を販売するペットショップは見かけませんでした。猫を家族に迎えたい人は、シェルター（犬や猫の保護施設）やペットショップの譲渡会に行きます。私が行ったアメリカの巨大ペットショップでは、店の一角が譲渡コーナーになっており、週末は犬や猫の里親になりたい人たちが家族連れで訪れていました。そこで里親になると、フードやグッズの割引などの特典もあり、ショップとお客様双方のメリットがあるシステムです。いまだに堂々と生体販売をしている日本は、動物に対する意識がだいぶ低いと思わざるを得ません。

猫はお金で買う「物」ではありません。猫とは出会うものです。あなたが猫を選ぶのでなく、猫があなたを選ぶのです。猫に選ばれたあなたは猫と3つの約束をしなければなりません。

3つの約束、捨てない、増やさない、いじめない

猫を捨てることは、猫を殺すことです。

動物愛護センターに引き取られた猫は、ある一定の期間をおいてほとんどが殺処分されます。譲渡会で新しい家が見つかる猫は約1割しかいません。動物愛護センターに猫を持ち込むことは、その猫を殺す役目を他人に任せるということです。人間の無責任や身勝手が、年間6万7000匹もの猫の命を奪っている事実を忘れてはいけません。

これがもし人間の赤ちゃんだとしたらどうでしょう。1年間に6万7000人が殺されるのです。

人の命と猫の命は違いますか。

猫の命より人の命のほうが大切ですか。

猫が増えるのはあっという間です。

キャットシッティングを開業して間もない頃、行政から頼まれて、猫好きのおばあ

さんの家にお手伝いに行ったことがあります。市役所に「猫のおしっこの臭いがひどい」と近所からの苦情があって、市の職員が様子を見に行ったところ、家の中に数十匹の猫がいたそうです。おばあさんは猫を拾ってきて家の中に入れていましたが、不妊手術をせずにいたので、どんどん猫が増えてしまったのです。

私は臭いの元である猫たちの糞尿処理をし、猫トイレを設置し、定期的に通って家の中を徹底的に掃除しました。併せて、おばあさんを説得し、猫たちの不妊手術の手配をしました。このとき、市の「猫の不妊手術助成金」を使えたのはラッキーでした。警戒心が強く、なかなか捕まらない猫もいて苦労しましたが、知り合いの獣医さんが協力してくれ、全員の不妊手術を終えました。

十分な食事があって室内に寝床がある状態で、猫が繁殖するのは当たり前のことです。猫は生後半年で繁殖が可能になりますから、おばあさんの家はあっという間に猫屋敷になってしまったのだと思います。

シッティング先で乳ガンになった雌猫を見たことがあります。その家では猫は1匹だけで、外に出さないからという理由で不妊手術をしていなかったのですが、数年ごとに乳ガンの手術をしていました。いつもイライラして氣難しく、なでることもできない猫。年に数回発情が起こりますが、その欲求が満たされることはありません。ホルモンの分泌量も変わりますし、ストレスがからだの中に澱《おり》のように蓄積されていきます。氣難しくなるのも仕方のないことでしょう。不妊手術をしない雌猫が乳ガンや子宮蓄膿症になる確率は、不妊手術をしている猫に比べると明らかに高いのもうなずけます。

不妊手術をしていない雄猫を外に出している外国人のお客様がいました。シッティングレポートで何度か外の危険を説明し、手術をお薦めしたのですが、

「猫は外に出さないと可哀想。それに僕の国では雄猫の去勢なんて考えられない」

と言うのでした。

ところが、その猫が行方不明になってしまいました。季節的にちょうど猫の発情時期でしたから、いつもより遠出をしている可能性が高い。雄猫同士のケンカで怪我をしたり、その怪我がもとで猫エイズなどの感染症にかかることもあります。交通事故やなんらかのアクシデントでどこかに閉じ込められて出られなくなっているのかもしれない、あるいは猫嫌いの人に虐待されているのではないか、など心配は尽きません。

約1ヶ月後、その猫はヨレヨレの状態でなんとか家に戻ってきました。私はホッと

すると同時に、この遠征でどれだけ彼の子孫が増えたのだろうかと暗澹《あんたん》たる氣持ちにもなりました。

彼をお父さんにして生まれてくる子猫はいったい何匹になるのでしょう。

猫が子孫を残そうとするのは本能です。しかし、それを容認するだけで、責任を取らない人間は身勝手という他ありません。

動物の虐待は重大な犯罪

動物を虐待してはいけないということは、法律できちんと定められています。

1973年に制定された「動物愛護管理法」はこれまで3回にわたる改正が行われており、飼い主やペット業者の責任や義務が強化されてきています。しかし、残念ながらこの法律を知らない人がまだ多いようです。

「動物愛護管理法」の罰則規定には次のようなものがあります。

愛護動物をみだりに殺したり傷つけた者

↓2年以下の懲役または200万円以下の罰金

愛護動物に対し、みだりにえさや水を与えずに衰弱させるなど虐待を行った者

↓100万円以下の罰金
愛護動物を遺棄した者
↓100万円以下の罰金

動物虐待には、殴る、蹴る、殺すなどの意図的な虐待と、劣悪な環境や世話をしないで放置するネグレクトの2種類があります。

アメリカでは、動物虐待をした青少年は将来の性犯罪や殺人予備軍としてブラックリストに載るそうです。日本でも、ある凶悪な殺人事件を起こした少年の最初の犯罪は動物虐待だったと報道されています。こうした社会の闇の部分とどうつき合うかは本当にむずかしいところですが、少なくとも猫を外に出さないことで動物虐待の危険は避けられます。

適正な飼育を怠る、放棄するという意味のネグレクトは、虐待の意識がなくやっている場合があります。例えば猫の食器を洗わず、水の容器に藻がついている状態はネグレクトにあたります。トイレ掃除をせず、悪臭が漂っている部屋や日光の差さない部屋に猫を閉じ込めておくこともネグレクトです。

最初に知っておきたい、猫の一生でかかるお金

猫と暮らすには、ある程度の経済力が必要です。某ペットフードメーカーが、健康な猫にかかる1年間の経費をアンケート調査した結果、平均が約8万円だったそうです。

年1回のワクチン接種を6000円として、残り7万4000円を12ヶ月で割ると、1ヶ月約6000円。これは食費と猫砂やペットシーツ、消臭剤などの消耗品費といったランニングコストです。

ちなみに8万円の中に、不意の病氣や怪我の治療費、食器やトイレ、キャリーケースといった備品の買い替え費用などの臨時の出費は入っていません。そこで、仮に年間2万円を予備費として加算し、猫の平均寿命15歳で一生の経費を計算すると、10万円×15年＝150万円となります。猫1匹の一生分の経費は約150万円と覚えておけば、万が一猫をだれかに託すときなどの目安になるかもしれません。

さてあなたに質問です。

今、あなたは何歳ですか？

今、子猫を迎えた場合、これから約15年間経費を払い続けられますか？

あなたの将来に起こりうる、結婚、引っ越し、転職、出産、両親の介護などのとき、猫との生活をどうしますか？

猫をどのように看取りたいですか？

あなたが猫より先に死んでしまったら、猫はどうなるでしょう？

残された猫にどうあって欲しいですか？

猫と暮らすということは新しい家族を迎えるということです。お金だけでなく、人生のさまざまな事柄についても、猫がいることを前提に考える必要があります。

猫といっしょに暮らす心構え、5つのポイント

猫は体験したことで、ルールを習得します。

「猫の森」の夏子がふすまでバリバリと爪研ぎを始めました。私の顔を見ながら爪研ぎを続けます。私が堪らずに、

「夏子、そこでの爪研ぎは止めてください」

と言うと、パッと身を翻《ひるがえ》してその場を離れました。そして、翌日もふすまでバリバリと爪研ぎをするのです。

夏子は、ふすまで爪研ぎをすると私の注意を引けることを習得したわけです。これは夏子のルールで、私のルールではありません。

では、どうしたらいいでしょうか。

①猫にどうあって欲しいかを明確にする

夏子にいつもご機嫌元氣でいて欲しいということを言葉に出して伝えます。

②筋の通ったことを要求する

夏子にふすまで爪研ぎをされたくないこと、用意してある爪研ぎを使って欲しいことを伝えます。

③タイミングを間違えない

ふすまで爪研ぎをしているタイミングで話しかけるのは逆効果。ふすまで爪研ぎをされても知らん顔して、感情的にならないようにします。

④諦める

夏子のルールを変えさせるものがなければ、ふすまでの爪研ぎは続くでしょう。夏子のルールを作らせたのは私です。ふすまは張り替えればいいと諦めます。

「諦める」は自分の願いが叶わず断念する、という意味で使われますが、この言葉のもととなった「あきらむ」には「明らかにする」という意味があります。つまり、「諦める」は自分の願望が叶えられない理由を明らかにし、ものの道理をわきまえて納得するということでもあるのです。このように「諦める」ことができれば、現状を受け入れ、解決の方法を見つけやすくなります。猫と辛抱強くつき合うと、次第に執着しないことを學びます。猫を変えるのではなく自分の考え方を変えることは、自分のルールに執着しないということになります。

⑤猫との絆は「強く」ではなく「深く」

私が夏子をコントロールすることはできません。ふすまがボロボロになっても、私にとって夏子がご機嫌元氣であるほうが大事です。

「絆」の持つ意味は2つあって、最近は人と人の結びつき、支え合い助け合う形という意味に使われることが多いのですが、本来は犬、馬、鷹などを木につないでおく綱のことを指します。絆を強くすることは、相手を縛りつけることになりかねないのです。猫との絆は強くするのではなく深めるほうがいい。深い部分でしっかりつながっていることが大切で、あまりにも強過ぎる絆で猫の自由を奪うものになってはいけません。

猫と人は動物としての「種」が違うだけ

ふたたび、あなたに質問です。

あなたは猫を「飼って」いますか？

キャットフードは猫の「エサ」ですか？

「飼う」「エサ」はよく使われる言葉ですが、ちょっと立ち止まって考えてみてください。「飼う」は、動物に食べ物を与えて養い育てるという意味、「エサ」は人間が動物に対して飼育、養育、調教を目的として与える食べ物という意味です。どちらの言葉も人が動物を支配する上から目線の言葉です。

実際には猫はあなたより上でも下でもありません。猫は人のために生まれてきたわけでもありません。猫と人は、約1万年前に出会ったときからお互いにいっしょに生きることのメリットがあったからつき合ってきたのです。猫は人間の近くにいれば、食と住を確保できることを知っていました。一方、人にとっての猫の役割は時代によって変化してきました。ネズミ獲り・穀物の守り番として活躍していた時代から、愛玩のための存在になり、現代では猫を「癒しの存在」とするのが流行のようです。

猫と人間は対等であって、どちらかが上ではないのです。「飼う」や「エサ」といった言葉は猫と人の関係に当てはまりません。

猫と人が対等につき合うためには、人の意識を変える必要があります。そのために「猫の森」では言葉遣いに敏感になることを提案しています。

「猫を飼う」から「猫と暮らす」へ。

「エサ」は「ごはん」あるいは「食事」に。

言葉を意識し始めると、猫への思いがよりいっそう深くなります。食器を洗わず、ドライフードを継ぎ足していたら「エサ」です。しかし、「食事」と言えば、ちゃんと食器を洗い、「新鮮なうちにどうぞ」という氣持ちになります。

「猫を飼っている」と言う人は、やはりどこかで猫を下に見ているように思います。「猫を飼っている」意識の人が、猫を捨てる、猫を増やす、猫をいじめる。猫と対等の関係を結んでいる人には、「捨てる・増やす・いじめる」ことは不可能です。

猫と人は種類が違うだけで、この地球上に生きる動物の仲間であることを忘れないでください。

赤ん坊の頃はみんな猫と交信できていた

スタジオジブリの映画には、よく異界のものたちが登場します。私たちはそうしたものを見て、驚くのではなくある種の懐かしさを感じながら受け入れます。初めて見るのに懐かしい感覚、記憶のどこかにしまい込まれたなにか……。宮崎駿《みやざきはやお》監督たちには、私たちがいつの間にか封印してしまった記憶を甦らせる力があるのではないでしょうか。

生まれたての赤ん坊の頃、私たちはあらゆるものとつながっていたのだと思います。猫はもちろん、犬やチョウチョ、花や木、石や、風や雨、空や大地、海や山、見えない世界のものたち、過去や未来とさえもつながっていたはずです。以前木と会話する人に会ったことがあります。その人はごく自然に木の声を聞いていて、特別なことはなにもありませんでした。私たちも本当はみんなそういう能力を持っているのに、現代社会の中で、そうした能力を忘れてしまっているのかもしれません。

生まれたばかりの赤ん坊はなにも持っていません。なにも持っていないからこその氣高さがあります。やがて、成長するにつれ、「包身《つみ》」を身につけていきます。「包身」とは身を包んで本当の自分を隠すものです。常識、世間体、一般や普通、平均といった考え方、肩書き、資格、免許、学歴、年収、地位、名誉、評判、外見などなど、「包身」が重くなるにつれて、私たちは本当の自分を見失ってしまいます。

私はシッティングの現場で、これらの「包身」が何の役にも立たないことを猫たちに教えられました。猫にとって大事なことは、目の前の私が害のない人間かどうかで、どんな学歴だとか、どのくらい収入があるかなどはどうでもいいことです。猫の前では「包身」を脱いで、素の自分をさらけ出すしかありません。

猫の判定は実に正直です。自分のテリトリーを乱す人間は徹底して避けます。ですから体調が悪いとか、心配や不安、怒りなど負の要素を抱えたままシッティングに行くと、猫たちは近寄ってきません。猫にウソはつけません。猫に「近寄るな、危険！」と警戒されたらシッター失格です。

私はシッティングの現場でたくさんの猫たちから、「包身」をはぎ取ってもらいました。「包身」が軽くなると、動物としての「快」を最優先できるようになります。やりたくないことはやらない、やりたいときは人目を氣にせずやる。食べたくないときは食べない、食べたいときは好きなだけ食べる。好きなことだけしていても案外生きていけることに氣づきました。

私は生まれた2日目から猫といっしょにいました。おそらく人生初の友だちはともに育った猫です。しっぽのある友だちと毎日どんな話をしていたのだろうと考えることがあります。

支え合い、助け合っていたかな。

ふれ合い、お互いの鼓動に耳を傾け合うことがあったかな。

私のキャットシッターの原点はそこにあるのかもしれません。

人と猫の関係は人それぞれ、猫それぞれ。そして、出会うタイミングも別れのタイミングも大きな流れの中にあります。

今、あなたの前に猫がいたら、心から話しかけてみてください。心に浮かんだことが猫からのメッセージです。

ネコミュニケーション——猫との対話をより深くする

私は1人でいるときも、猫に話しかけています。

猫の食事を用意するとき「ごはん、食べるヒトー——！」と言うと、6匹の猫が全員私のもとに集まってきます。猫のことを「ヒト」と呼ぶのは、無意識に時々使ってしまいます。多用するのはどうかと思いますが、たまにならいいかなと思う言葉です。

猫の具合が悪そうなときは、「どうして欲しい？」「病院に行く？」「お薬が要る？」「ゆっくり休んでね」。遊ぶときは、「いぇい！」「すごい！」「ヤッホー」など意味不明のかけ声や合いの手を入れています。

猫になにかして欲しいときは、命令でなくお願いをします。「○○してもらえると助かるなぁ」「○○してくれたら嬉しい」。

猫は「今ここ！」に生きています。「忙しいから後でね」は通用しません。「今やることがあるから少しだけね」と言える余裕を持っていたいものです。

私には、ある猫を見ると、必ず口にしてしまう言葉があります。

夏子には「かわいいからねぇ」。1日に何十回となく言っています。

玖磨には「玖磨ちゃん、ゴロゴロして」。玖磨はゴロゴロ音を発しない猫だったのですが、ずっと言い続けていたらゴロゴロ音が出せるようになりました。

華には「チョイチョイして」。華は寝ている私のまぶたの上を前脚でそっと押さえることを繰り返します。「チョイチョイ」とリクエストするとやってくれます。

モンには「モッチャ、キュー」。まったく意味不明ですが、なぜか口をついて出てしまう言葉です。

猫同士が声を出して会話をすることはまずありません。ケンカや威嚇のうなり声以外、猫の鳴き声はほぼ人に向けて発せられています。

「ごはん、早く」

「このドアを開けてよ」

「遊んで、遊んで」

こうした要求が分かれば、それ以上のメッセージも受け取れるはずです。英語などの外国語と同じで、最初は下手でも、我流であっても使っていれば通じるようになるものです。猫と交信できていた頃を思い出しましょう。

表情豊かな瞳と多様なボディランゲージを持つ猫、彼らとの会話をもっともっと楽しみましょう。

猫との関係を振り返ってみる

あなたにとって猫はどんな存在でしょうか。家族、子ども、友だち、相棒、恋人、カウンセラー、先生、主人、メンター、社長、仲間、スタッフ、神、癒しの存在などなど、場面によって役割も変化することでしょう。

子猫から成猫へ、やがて老猫になって、あなたの年齢を追い越していきます。その過程で猫の存在も変化するでしょう。

モンは9歳のとき、「猫の森」にやってきました。「クレオパトラ」の異名を持つモンには近寄りがたい雰囲氣があり、私は彼女と長い間一定の距離を置いた関係でした。それが変化したのはモンが18歳のとき、姉妹猫のトンが亡くなってからです。人懐っこくてフレンドリーだったトンが、まるでモンのからだを借りて生きているかのように、モンはおしゃべりで陽氣な猫になりました。

今、モンは私のあこがれの存在です。体調管理怠りなく、いつも身ぎれいにして、ほとんど手がかかりません。なんだかモンは私にとって頼れるお姉様のような感じになってきました。新しい関係性が始まって、これから私はモンのことをもっと知りたいと思っています。

猫との関係を振り返ってみると、幼い頃の私は猫が大好きで、しつこく猫をかまってはいつも猫に逃げられていました。中学、高校、大学時代は、家に帰れば猫がいて、つかず離れずのほどよい距離感だったと思います。社会人になってから、初めてのインドアキャットは私がこれまで猫に対していかに無知だったかを知る転機となりました。そしてキャットシッターになってからは猫との関係性が深まり、猫から學ぶ日々は現在も継続中です。

「猫の學校」には、以前は猫が嫌いだったのに、ひょんなことで猫と暮らし始めたら、猫の魅力にすっかりはまってしまったという方が時おり参加されます。交流会では犬と猫の比較論なども飛び出します。これは「猫が嫌い」から「猫が好き」に変わった例。

小さい頃、家族に反対されて猫を諦めていた人が、大人になってついに念願の猫を迎えられることになったので「猫の學校」に入學する、「初猫」パターンもあります。猫を亡くして寂しいけれど、自分の年齢を考えるとこれから新しい猫を迎えられないという方もいます。

猫より先に自分たちが死んでしまったらと考える人がいます。

子どもが猫アレルギーでぜんそくになってしまい、泣く泣く猫を手放さなくてはならない家族がいます。

猫との関係は家の中で終わるものでなく、社会とつながっているのです。家に猫がいる私は、社会とどうつき合えば良いかを考えます。猫との暮らしを継続するために、世の中とどう折り合いをつけるかをいつも考えています。

猫という窓を通して考えると、新しい視点が手に入ります。猫には4、5歳児の知能があるといわれています。ですから、育児書に書かれているその年齢の子どもへの対処法は、猫にも通じることが多いのです。具体的には「無視をしない」とか、「良いことをしたら認め、悪いことをしているときは反応しない」といったことです。子どもが母親の関心を引くために泣いたり、わざと叱られることをする心理は、猫の行動にも十分置き換えることができます。

そして私の目標は、猫に一目置かれる人間になること。猫から「アイツ、人間にしてはなかなかやるじゃないか」と言われたいと長年思ってきました。人間の評価は「包身」が重いけれども、猫の評価にウソはないからです。

さよなら、またね

映画『おくりびと』の中に、火葬場の職員である正吉が、急逝した銭湯の女将《おかみ》ツヤ子の火葬の直前、こんなふうに語る場面があります。

「長《なげ》えことここさ居っと、つくづく思うのよの。死は門だなあって。死ぬっていうことは終わりってことでなくて、そこをくぐり抜けて次へ向かう、まさに門です。私は門番として、ここでたくさんの人を送ってきた。『行ってらっしゃい。また会おうの』って言いながら」

私はずっと「ペットロス」という言葉に対して違和感があって、使うことをためっていました。私にとって猫はペットではないことが、理由の1つ。そして2つめは、これまでたくさんの猫を見送ってきましたが、ロス（喪失）したと感じたことはなかったからです。肉体がなくなっても、その猫は自分と一体化して生き続けているように感じます。そのため「ペットロス」に置き換えられる言葉を探していたのですが、『おくりびと』のセリフを耳にしたとき、ふと「さよなら、またね」という言葉が浮かんだのです。そのときから、猫との別れを「さよなら、またね」というようになりました。

『おくりびと』の中で、もう1つ印象的な言葉がありました。主人公の大悟が、納棺師の仕事を辞めて、ふつうの仕事について欲しいと言う妻に返す言葉です。

「『ふつう』って何だよ。誰でも必ず死ぬだろ。俺だって死ぬし、君だって死ぬ。死そのものがふつうなんだよ」

死そのものがふつう。ふつうが家から隔離されているのが今の時代です。病院で生まれ、病院で死んでいく時代では、誕生と死が特別になって当然かもしれません。ところが、インドアキャットは家の中で生を終えます。日常から切り離されている死が目の前に現れます。死に慣れていない分、ショックは大きく、食欲不振やうつ状態になる人もいます。

人が家で亡くなるのが当たり前だった頃、「ペットロス症候群」はなかったのではないでしょうか。死はもっと自然に受け止められていたのだと思います。ペットロス症候群は、核家族化、少子高齢化、非婚化といった社会現象と相まって生じたもので、死をふつうに捉えることができなくなったことが大きな要因でしょう。私たちは否応なく、世の中の動きに流されているのです。

そうした中にあっても、見方を変えれば、死は大いなるギフトとなります。

猫との別れで、自分なりの死生観が生まれることは、まさに猫からの贈り物だと思います。猫は死に向かう過程で、あなたに「死のレッスン」をしてくれます。猫の死に寄り添うことで、心のひだは細かくなり、また柔軟性を持つようになります。嘆き悲しんだ後には、それに相当するものが必ず身につくのだと思います。

つい先日、父親を亡くしたばかりの知人が、

「変な話だけど、私は猫の死を経験していたから、父の死を受け止められたと思う。猫のいない兄弟たちは、動揺して落ち込んでいるものね」

と話してくれました。

私も母の死に際して、知人と同様に感じていました。死を受け入れることができるのは、死が決して終わりではなく、見えない世界の始まりだと知っているからです。

それは「さよなら、またね」であって、決してロスではないのです。ロスにしてしまったら、自分の身を挺《てい》して死のレッスンをしてくれた猫に申し訳ないと思います。

老いは円熟、実って落ちるのは自然のことわり

猫の寿命が延びて、老猫とつき合う時間が増えました。お年寄りの猫は、どんな猫もいい味が出てきます。1日の大半を寝て過ごしているだけなのに、ちゃんと存在感があります。

円熟味を増した年寄り猫は、まわりの空氣を落ち着いたものに変える力を持っています。年寄り猫といっしょにいるだけで心穏やかになれるのですから「老猫セラピー」

があってもおかしくないとさえ思います。

老猫介護は、人が老猫に対して一方的にするものではありません。寄り添っていると、老猫からにじみ出る穏やかな波動に包まれます。彼らは失うものをなに1つ持っていません。なのに満ち足りて豊かです。

植物は花を咲かせた後に実をつけ、実は種を宿して地に落ちます。老猫も同じです。たとえからだは衰えても、魂は熟していきます。熟し切ったとき、生は終わりますが、見えない世界で種が育ち始めるのです。

老猫とのつき合いはキュアからケアへ

気軽に会って猫のことを相談できる友人や猫の話を聞いてくれる人がいると、老猫の介護やターミナルケアなどの助けになります。

犬と暮らす人はお散歩を通じて、犬のことを話す仲間を作ることができますが、インドアキャットと暮らす人はそうした交流がほとんどありません。そのため、本やテレビ、インターネットに情報を求めることが多くなるのかもしれません。

しかし、インターネット情報を見過ぎて、かえって混乱してしまうのはよくあること。忘れてはならないのは、インターネットに登場している猫は決してあなたの猫ではないということです。インターネットの情報は参考にする程度にしましょう。

キャットシッティングのお客様から、終末期の猫について相談を受けることがあります。シッターは実際にその猫と日常の暮らしを知っているので、具体的なアドバイスをしやすいということもあります。それ以上に、お客様とシッターは、シッティング依頼やキャットレポートなど、電話やメールでのやり取りがあります。顔の見えないインターネットより、近しい関係ということができるでしょう。

キャットシッターでなくても、猫と暮らしている友人がいれば、悩みや心配を共有してもらえます。まだ猫友だちがいないなら、普段から猫好きであることをさりげなく周囲にアピールしておくのもいいでしょう。

今、老猫とのつき合いは、キュアよりケアに傾きつつあります。キュアは治療や対策、ケアはお世話や介護を意味します。

老猫ケアの心得としてまずいえるのは、老猫だからと過保護にならないようにすること。時にはちょっとした刺激も必要です。猫楠舎の猫たち6匹は平均年齢15歳ですが、活氣にあふれています。威嚇したり、猫パンチを繰り出したり、多少のストレスは生きる力を喚起させているように感じます。

老猫に寄り添うなら、お金よりも時間と心をかけましょう。猫が亡くなったときに、もっとお金があったならと後悔する人は少ないのです。もっといっしょにいて、もっとなでて、もっと話せば良かったと悔いる人が多いのです。

介護はずっと続くものではありません。どんなに苦しくても、いつか終わりが来るのです。悔いのないよう心を込めて「今ここ！」を大切にしましょう。

福ちゃんの看取りと旅立ち

福助との最期の日々は、穏やかで豊かな時間が流れました。

どこかが痛いというようなことはなく、ただ食べなくなったのが1月末のこと。最初は、福助がなんとか食べられそうなものを探して回りましたが、間もなく「絶望し過ぎず、希望を持ち過ぎず」を自分に課すようになりました。言葉では説明できないなにかが、もはや肉体の恢復がないと告げていたのです。彼が食を断ち、ゆるやかに死に向かっていることを認めなければならないと思いました。

昏々と眠っている福助の息を確かめるようになりました。「生きて」という欲を手放し、彼に寄り添いながら、せめて死の瞬間までご機嫌さんであって欲しいと祈りました。

そんなある日、福助に猫楠舎全体を見せたいと思い、胸に抱いて庭に出ました。彼は生まれて初めて大地に触れ、枯れ草の上でお日様の光を浴びたのです。それから彼は毎日外に出たがりました。からだはどんどん軽くなるのに、〝いのち〟の重さが増し、瞳の輝きが日に日に強くなっていくのが不思議でした。

お氣に入りの場所からは野菜畑がよく見えました。すでに薄紫色のソラマメの花が咲いていて、夏の初めには瑞々しい実をつけることが約束されていました。しかし、その頃、福助はもういないのです。彼といっしょに見る景色は、これまで見たどんな景色よりも輝いていました。

これまでの人生でこんなにも豊かな時間があっただろうか……。

しかし「明日はもうこの倖せは味わえない」と分かる日がやってきました。

福助の最期の日、その瞳から輝きが消えていこうとする過程を、私はずっと見ていました。

「福ちゃん」

と呼ぶと、かすかに後ろ脚のつま先をくっくっと曲げて応えてくれます。

「福ちゃん、いっしょにいてくれてありがとね」

福助のつま先がくっくっと動きました。

やがて、つま先の反応がなくなり、瞳が濁り始めましたが、彼のからだはまるで真っ白な光に覆われているようでした。

お日様が西に沈もうとする少し前、福助は私のひざの上で生を終えました。

「さよなら、またね、福ちゃん」

福助が食を断ってからの1ヶ月間、痛がる様子はなく、最期まで水を飲み、トイレに行き、私のそばから離れませんでした。私はいくつかの仕事や約束をキャンセルしました。他の猫たちはいつもどおりにしていました。静かで穏やかな日々でした。

死を思うとき、生が輝き出す

日本には死者を育てる文化があります。私たちは日常で亡くなったものに語りかけることを当たり前にやっています。死によって絆が断ち切られるのではなく、死後も新しい形で絆が引き継がれるという意味の「コンティニューイング・ボンド」という言葉があります。直訳すれば「継続する絆」でしょうか。

震災などに際して、日本人が暴動など起こさずに、微笑みさえ浮かべて配給の列に並ぶ様を見て、西洋の学者が、日本人の穏やかさを形成している根底にコンティニューイング・ボンドがあるのではと考えたそうです。

死は見えない世界の誕生であって、死によってすべてが消滅するわけではないのです。私は猫たちが旅立った後に、彼らとの新しい関係が始まるのを毎回感じています。生きているときよりもさらに深い会話が交わされることもあります。彼らとの会話は自分の心を落ち着かせます。

そして、目の前の一瞬一瞬の大切さに氣づかせてくれます。

死を思うとき、生が輝き出すのです。そういう意味でも、死生観を持つことはとても重要だと思います。

亡くなった動物たちが「虹の橋のたもと」といわれるところで、私たちが来るのを待っているという散文詩があります。私はこの詩にヒントを得て、こちら側で見ている虹は、あちら側で見たら反対側にかかっているのではと考えました。こちら側とあちら側はまぁるい虹でつながっている、そんな絵が浮かんだのです。生も死も通過点であって、すべてはつながっていると考えたら、恐れるものはなにもなくなりました。私の死生観はまぁるい虹です。

いつか私があちら側に渡って、虹の橋のたもとにいる猫たちに再会することを考えると、ワクワクしてしまいます。彼らに出会ったら、なんと言いましょうか。1匹1匹の顔を思い浮かべて、再会の場面を想像します。

日々、目の前の〝いのち〟に接しながら、生死を超えて循環する大きな〝いのち〟も感じています。

猫、人ともに「ご機嫌元氣」

キャットシッティングの現場を通じて、猫にとって人は環境の一部だということが分かってからは、人という不安定な環境をいかに、平穏な状態に保ったらいいかということをずっと考えてきました。そして、やっとたどりついたのが「ご機嫌元氣」というフレーズでした。「ご機嫌元氣」を背骨に通すと、すべてがスッキリしました。

猫と人、お互いのご機嫌元氣を見つけることを根本に置きます。猫と人のバランスの取り方がポイントです。

かたよらない、こだわらない、とらわれない。

これは般若心経の極意ですが、猫とのバランスの取り方も同じだと思います。３６０度全体から見て発想し、臨機応変に行動します。猫とのやり取りをゲームと考えたら、頭の体操になります。猫が相手だと、柔らかく、柔軟性のある発想を持ち続けることができそうです。

そして、猫と対等になることは、今なお私の大きな課題です。猫の「飼い主」にはなりたくありません。猫の「下僕」になるのは簡単ですが、やはり対等の立場で、猫と友だちになりたいと思うのです。生まれたての赤ん坊の頃、猫と自由に話していた頃の自分を取り戻すのが夢です。

「ご機嫌元氣」はシッティング現場に限らず、日々の暮らしの基本です。猫がいる、いないに関係なく、「ご機嫌元氣」を心がけます。「ご機嫌元氣」と言うと、口角が上がって、笑顔になりますから、試してみてください。

私たちがニコニコしていると、猫たちのテリトリーは安定します。猫は平穏な毎日が大好きです。

猫という動物を知り、猫との暮らしを快適にすること。たったこれだけのことで、もの見方が変わり、生き方までも変わります。
猫を學ぶことは、自分自身を學ぶこと。
猫と暮らすあなたがいつも「ご機嫌元氣」であることを心から願っています。

おわりに

作家の池波正太郎は深夜に原稿を書き、夜明け頃仕事を終えると、ブランデーを飲むのが日課だったそうです。あるとき、彼のお氣に入りの猫がブランデーを好むことが分かりました。それ以来、池波正太郎とその猫との夜明けのブランデータイムが生まれたといいます。

私が小学生だった頃、同じようなことがわが家にも起こっていました。晩酌する父の横にはいつも猫がいました。ある晩、父は茶目っ氣を出して猫の鼻の頭に指でチョンと日本酒をつけたのです。猫は鼻についた日本酒をぺろりとなめましたが平然としています。それを見た父は、

「コイツは大したもんだ」

と満面の笑顔になりました。それから、猫は時々父のお相伴《しょうばん》をするようになったの

です。

父と猫に仲間入りしたい私が、

「父ちゃん、アタシもお酒飲めるよ」

と言うと、父は面白がっておちょこにお酒をついでくれました。飲んでみると私も平氣だったので、父は嬉しそうに笑っていました。今にして思うと、子どもの頃、私は猫にライバル意識を持っていたのかもしれません。

キャットシッターとして仕事をするようになってから、本で池波正太郎と猫との話を読み、人と猫の対等で上質な関係を感じました。「正しいこと」よりも「大切にしたいこと」があっていいのだと思えました。

本書でも「〇〇すべきこと」はあまり多くありません。大切なのは、あなたと猫とのより良い関係をどう築いていくかということです。そのとき、一方的に人サイドの価値観を猫に当てはめないこと。本書が、猫サイドの視点を持つための手引きになることを祈ります。


「学校」の学の字がなぜ「學」なのかについて、お話ししておきましょう。「學」という字は、教師と生徒が同じ家の中で向かい合い、両手を使った知のやり取りをしている形だそうです。これは同じ屋根の下で暮らす猫と人にも置き換えられると思います。

下にある「子」という字は、生まれたての赤ちゃんを表わしています。「一」と「了」の組み合わせで、人生を一から了まで全うできるようにという意味があるそうです。私は、「子」という字を、いったん終了した魂がふたたび一から習得をスタートすると考えました。ですから、「猫の學校」講義の最初に受講者のみなさんにこう言います。

「今までの知識はいったん捨てて、生まれたての赤ちゃんのようなまっさらな状態で授業を受けてください」

一夜漬けの暗記は、試験が終わった途端に抜け落ちてしまいます。これは「学」。簡単だけれど軽い。「猫の學校」は、「なるほど」と腑におち、しっかり身につく「學」を目指したいと考えました。

また「學」という字は、頭だけでなく体全体で習得する感じがあります。押しつけではなく、自発的に動くイメージもある。猫を知ろうとする姿勢、猫から學ぼうとする氣持ちを「學」に込めたいと思いました。いくつになっても學ぶことは楽しい。また、楽しくなければ「學」にはならないと思います。

「気」ではなく「氣」という字を使うのは、「〆」と「米」の違いからです。「〆」は「閉じる」ですが、「米」は四方八方にパワーが放出されるイメージがあります。そして、米は日本人の命の源ともいえます。「氣」という字はエネルギーに満ち、周囲との交わりを広げていくように感じられるのです。

「倖」という字は、偶然に得る幸運を意味する「僥倖《ぎょうこう》」という熟語に使われるくらいで、なじみの薄い字かもしれません。

一般によく使われる「幸」という字の語源は、刑罰の道具に用いる両手にはめる手《て》枷《かせ》の形です。手枷だけで済むということは、重い刑罰は受けなくてよいということで、「これ幸（さいわい）」という意味のようです。

「幸」という漢字は「土」と「￥」で成り立っています。はたして、土地とお金があればしあわせでしょうか？

シッティングの仕事でしあわせを感じる瞬間はいろいろありますが、お客様から、

「猫たちがいつもどおりにしていて安心しました。ありがとうございました」

といった言葉をもらうと、この仕事をやっていて良かったと心から思います。私に

とって、人から「ありがとう」と言われることは大きな喜びです。好きなことをして人に喜んでもらえる。最高のしあわせのためには他者が必要なのです。ですから、にんべんのついた「倖」の字を使っています。

キャットシッターの仕事は足掛け25年やっていますが、いまだに飽きることがありません。猫たち1匹1匹が唯一無二の存在であり、生きているかぎり私も猫も変化し続けるからだと思います。

日本中にもっとたくさんのキャットシッターが誕生し、シッティングサービスを利用する人も増えたら、猫たちは自分のテリトリーから出ずにお留守番ができます。猫も人も「ウィンウィン」の状況で、「ご機嫌元氣」を共有できるようにしていきたいものです。

その第一歩として、私からみなさんに提案があります。

現在、「猫の森」では猫の互助会「ねこのわ」という仕組みを構築中（2017年1月現在）です。「ねこのわ」会員になるには、「猫の學校」を修了していることが必須条件となります。

「ねこのわ」では「猫の學校を全国に30校作る」という目標を掲げており、2016年から「ねこのわ」会員を対象として「猫の學校」の講師育成を始めました。本書を読んで、「猫の學校」の先生になりたい、自分の町で「猫の學校」を開校したいという方がいらっしゃいましたら、どうぞ「猫の森」のホームページをご覧いただき、まず実際の「猫の學校」を受講してください。

「猫を飼う」から「猫と暮らす」へ。

猫と人が互いに尊重し合い、ともに「ご機嫌元氣」な毎日が送れますように。

最後に本書を書くにあたり、ポプラ社の倉澤紀久子さんには猫好きならではの鋭い指摘ときめ細やかな助言をいただきました。心から感謝しています。また、キャットシッティングのお客様でもある鈴木成一さんに装丁をしていただけた倖せ、猫つながりに深謝です。

いつも「猫の森」を応援し、支えてくださるみなさんと、私のわがままにつき合ってくれる「猫の森」スタッフたちにありがとう！　この本を読んでくださったあなたには、「読んでくださって感謝します。きっといつかお目にかかりましょう」
そして、これまで出会った猫たち、これから出会う猫たち、すべてが私の師匠です。
この本を書かせてくれた猫師匠たちにエンドレスの「ありがとう」を贈ります。

2017年　新春

南里　秀子

本書は書き下ろしです。

南里秀子
なんり・ひでこ
1958年生まれ。1992年、猫専門のシッティングサービスを創業。2002年、猫の生涯保障部門を開始、2006年「猫の森」として法人化し、シッター育成や猫に関するワークショップを展開している。著書に『それいけ、キャットシッター!』『猫パンチをうけとめて』『猫と暮らせば』『猫の森の猫たち』『猫と人と古民家と』などがある。
なんりひでこの「ご機嫌元氣」　http://nekonomet.exblog.jp/
猫の森HP　http://www.catsitter.jp/

ポプラ新書
115
猫の學校
猫と人の快適生活レッスン
2017年1月10日 第1刷発行

著者
南里秀子
発行者
長谷川 均
編集
倉澤紀久子
発行所
株式会社 ポプラ社
〒160-8565 東京都新宿区大京町22-1
電話 03-3357-2212(営業) 03-3357-2305(編集)
振替 00140-3-149271
一般書出版局ホームページ http://www.webasta.jp/
ブックデザイン
鈴木成一デザイン室
印刷・製本
図書印刷株式会社

N.D.C.645/244P/18cm ISBN978-4-591-15320-8

「しないこと」リストのすすめ

人生を豊かにする引き算の発想

辻信一

あれもしなければ、これもしなくちゃ……。「すること」リストの増殖に際限はなく、あなたはいつもそれに振り回されている。しかし、「すること」ありきの人生は果たして幸せなのだろうか？　まずはその隣に「しないこと」リストを置いてみよう。あなたの人生に自由と生きがいを取り戻す、引き算の発想を伝える。

チンパンジーは365日ベッドを作る

眠りの人類進化論

座馬耕一郎

「寝てみたら快適だった!」チンパンジーの樹上のベッド。その秘密に迫るべく、若き研究者がアフリカ調査を開始した。構造、寝姿、群れの中での位置関係など、綿密で大胆、ときに無謀(?)な野生チンパンジーへのアプローチを通し、眠りの本質、進化の道すじを解き明かす快著。

生きるとは共に未来を語ること　共に希望を語ること

　昭和二十二年、ポプラ社は、戦後の荒廃した東京の焼け跡を目のあたりにし、次の世代の日本を創るべき子どもたちが、ポプラ（白楊）の樹のように、まっすぐにすくすくと成長することを願って、児童図書専門出版社として創業いたしました。

　創業以来、すでに六十六年の歳月が経ち、何人たりとも予測できない不透明な世界が出現してしまいました。

　この未曾有の混迷と閉塞感におおいつくされた日本の現状を鑑みるにつけ、私どもは出版人としていかなる国家像、いかなる日本人像、そしてグローバル化しボーダレス化した世界的状況の裡で、いかなる人類像を創造しなければならないかという、大命題に応えるべく、強靭な志をもち、共に未来を語り共に希望を語りあえる状況を創ることこそ、私どもに課せられた最大の使命だと考えます。

　ポプラ社は創業の原点にもどり、人々がすこやかにすくすくと、生きる喜びを感じられる世界を実現させることに希いと祈りをこめて、ここにポプラ新書を創刊するものです。

未来への挑戦！

平成二十五年　九月吉日　　株式会社ポプラ社